房屋建筑构造与识图
习题与实训（第二版）

张艳芳　李彦君　主　编
冯占红　弓圆圆　主　审

中国建筑工业出版社

图书在版编目（CIP）数据

房屋建筑构造与识图习题与实训 / 张艳芳，李彦君
主编. — 2版. — 北京：中国建筑工业出版社，2022.6（2024.1重印）
ISBN 978-7-112-27404-8

Ⅰ. ①房… Ⅱ. ①张… ②李… Ⅲ. ①房屋结构—高
等职业教育—教学参考资料②建筑制图—识图—高等职业
教育—教学参考资料 Ⅳ. ①TU22②TU204.21

中国版本图书馆CIP数据核字（2022）第084724号

本书是住房和城乡建设部"十四五"规划教材《房屋建筑构造与识图（第二版）》的
配套教学用书。本书在内容组织和编排上与《房屋建筑构造与识图（第二版）》的章节对
应。设置了基础练习和技能训练两种题型，有针对性地提高学生在建筑构造与识图方面的
知识和应用能力。习题难度由易到难，一方面可以帮助学生巩固教材中学习到的理论知
识；另一方面以与工程结合较为紧密的习题锻炼学生灵活运用知识的能力。

本书可作为工程造价、建设工程管理、建筑经济管理、房地产经营与管理、工程监
理、物业管理、会计（建筑会计与审计方向）等专业学生学习、训练建筑识图基础知识的
教学用书。

责任编辑：吴越恺 张 晶
责任校对：赵 菲

房屋建筑构造与识图习题与实训（第二版）

张艳芳 李彦君 主 编
冯占红 弓圆圆 主 审

*

中国建筑工业出版社出版、发行（北京海淀三里河路9号）
各地新华书店、建筑书店经销
北京红光制版公司制版
廊坊市海涛印刷有限公司印刷

*

开本：787毫米×1092毫米 横1/8 印张：25 字数：293千字
2022年8月第二版 2024年1月第三次印刷
定价：**49.00元**
ISBN 978-7-112-27404-8
（38753）

第二版前言

《房屋建筑构造与识图习题与实训》第一版经过了 4 学年教学实践的检验，对培养和提升学生建筑工程识图能力发挥了重要作用。适逢《房屋建筑构造与识图（第二版）》出版，作为配套用书，本书第二版修正了原书中的不妥之处，内容组织仍坚持与原书内容相对应的思路，根据要求学生掌握的知识和技能层次分为基础练习和技能训练两类题型。基础练习由易到难，帮助学生复习和巩固教材基础理论知识；技能训练与工程实际相结合，是对理论基础知识的灵活运用，以此培养和训练学生绘制和识读建筑工程图样的能力。此外，第二版重点突出了对"1+X"职业技能等级证书《建筑工程识图职业技能等级标准》中所要求的知识、技能、素养的训练。

本书可作为职业教育建筑工程施工类、建设工程管理类相关专业学生学习建筑识图基础知识和进行技能训练的教学用书，也可作为职业本科相关专业教学用书。

本书由山西工程科技职业大学本课程教学团队编写而成，张艳芳、李彦君任主编，王新华、陈娟、李文华、陈婷婷、王文君任参编，山西工程科技职业大学冯占红教授和山西远扬钢结构有限公司弓圆圆高工任主审。

由于编者水平和时间所限，疏漏和不妥之处在所难免，敬请广大同仁提出宝贵意见。

编者

2021 年 7 月

第一版前言

本书是住房城乡建设部土建类学科专业"十三五"规划教材《房屋建筑构造与识图》的配套教学用书。本书可作为高职高专工程造价、建设工程管理、建筑经济管理、房地产经营与管理、工程监理、物业管理、会计（建筑会计与审计方向）等专业学生学习建筑识图基础知识和进行技能训练的教学用书，也可供其他相关专业教学选用。

本书内容编排组织与《房屋建筑构造与识图》中的章节相对应，根据要求学生掌握的知识和技能层次分为基础练习和技能训练两类题型。基础练习由易到难，帮助学生复习和巩固教材基础理论知识；技能训练与工程实际相结合，是对理论基础知识的灵活运用，以此培养和训练学生绘制和识读建筑工程图样的能力。

本书由山西建筑职业技术学院张艳芳、李彦君主编。山西建筑职业技术学院陈娟、王新华、陈婷婷、王文君；山西交通职业技术学院杨广云参与了部分编写工作。山西建筑职业技术学院田恒久教授、山西六建集团有限公司高富工程师担任本书主审，提出了一些中肯的修改意见，在此表示感谢！

由于编者水平和时间所限，疏漏和不足之处在所难免，敬请广大同仁提出宝贵意见，使之有机会修订时趋于完善。

目　录

钢筋混凝土基础楼板电梯屋顶女儿墙散水卷材投影练习

态度严谨耐心细致一丝不苟刻苦科学张弛有度布图均匀结构合理整齐

A B C D E F G H I J K L M N O P Q R S T U V W X Y Z A B C D

E F G H I J K L M N O P Q R S T U V W X 0 1 2 3 4 5 6 7 8 9

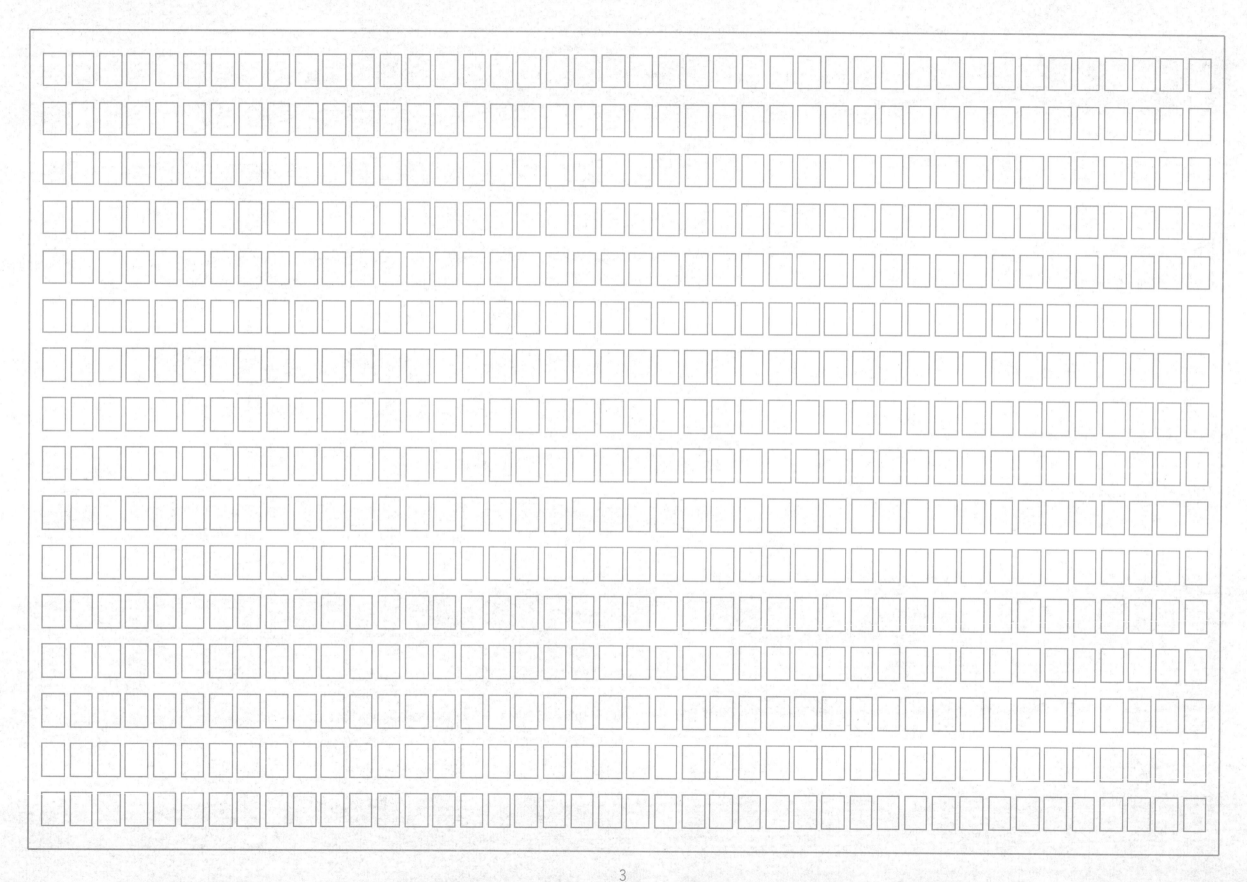

1. 在指定位置处抄绘图线。

2. 在空白位置抄绘下图。

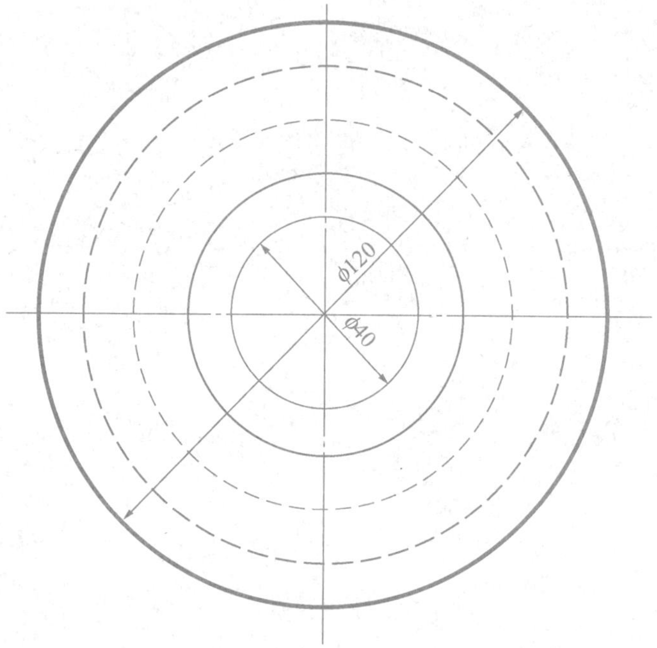

3. 按图示线宽要求，在空白位置抄绘下图。

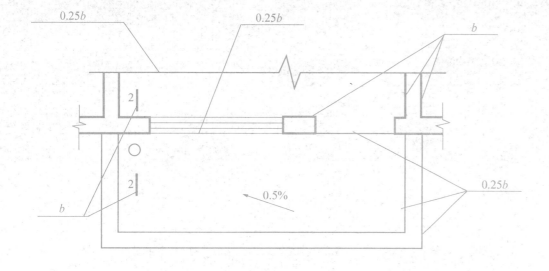

4. 量取图中尺寸，并标注在图上（尺寸数字取整数）。

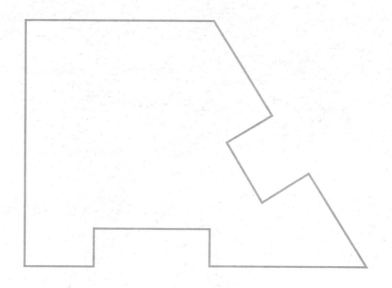

5. 按指定比例量取尺寸，并标注在图上（尺寸数字取整数）。

6. 抄绘下面图形，并标注尺寸，比例为 1：1。

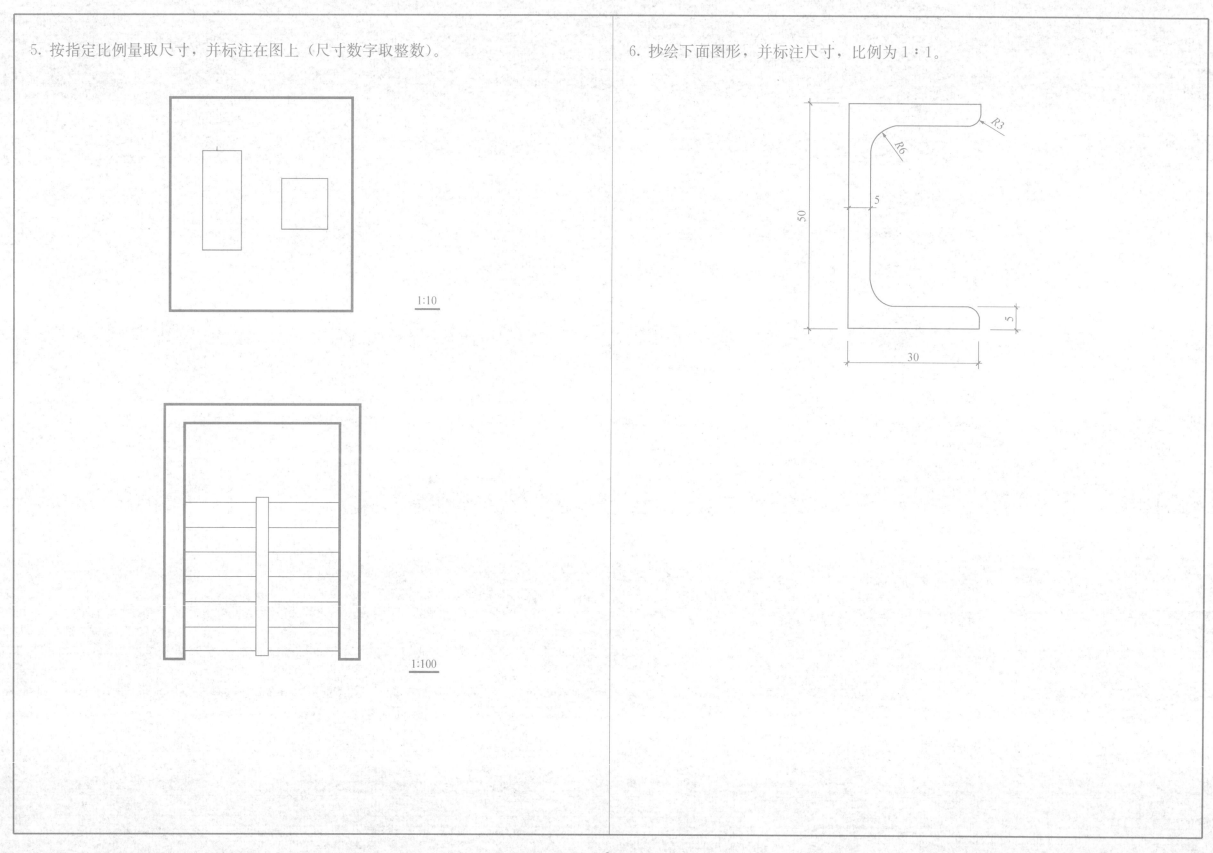

1:10

1:100

7. 给下列图形标注尺寸（尺寸数字按 1：1 比例从图中量取，取整数）。

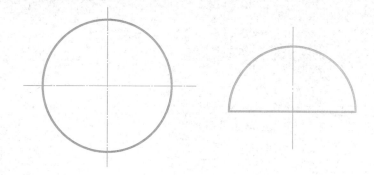

要求：上面两图分别标注直径、半径。

要求：上图标注圆弧的角度。

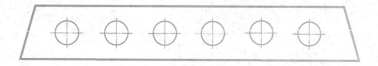

要求：上图标注圆孔的直径。

8. 改正图中尺寸标注形式上的错误。

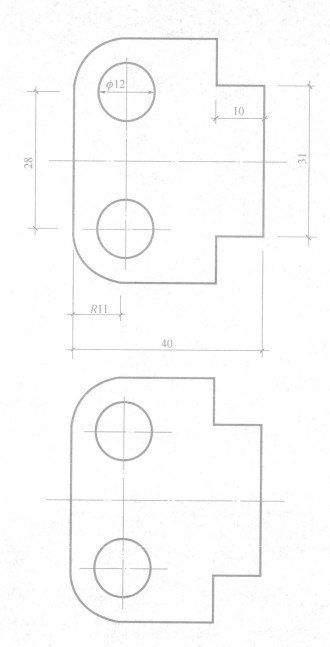

9. 抄绘图样

要求：（1）用 A3 幅面绘图纸，铅笔绘制。

（2）图名：图线训练。

（3）布图合理、图线准确、字体工整。

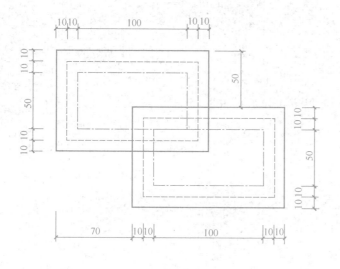

图样 1:2

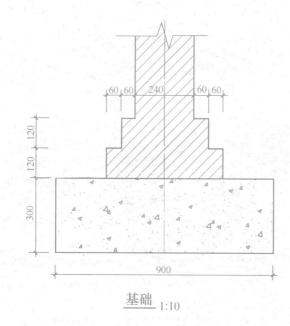

基础 1:10

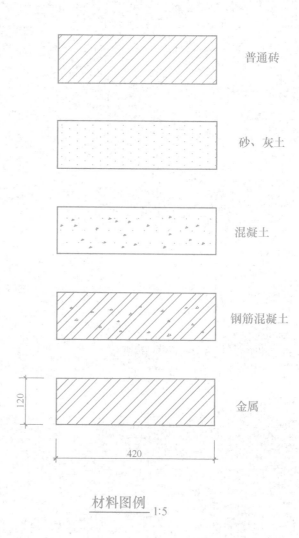

材料图例 1:5

1. 将 H 面投影图的图号填入对应立体图的括号内。

( )　　　　( )　　　　( )　　　　( )　　　　( )

( )　　　　( )　　　　( )　　　　( )　　　　( )

(1)　　　　(2)　　　　(3)　　　　(4)　　　　(5)

(6)　　　　(7)　　　　(8)　　　　(9)　　　　(10)

2. 将 V 面和 W 面投影图的图号填入对应立体图的括号内。

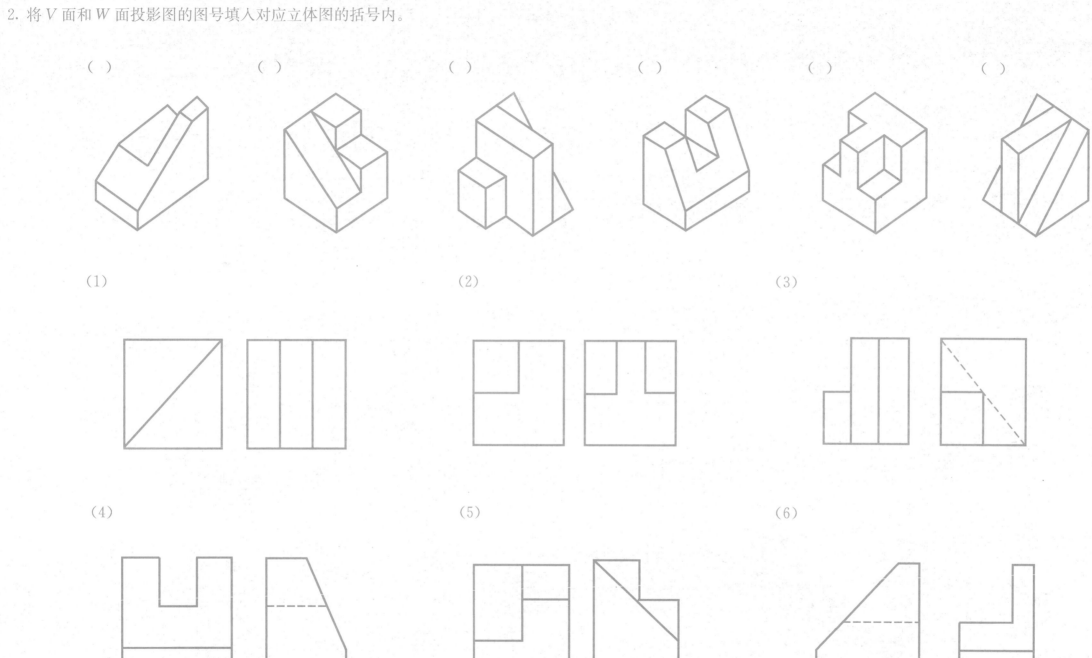

（　）　　　（　）　　　（　）　　　（　）　　　（　）　　　（　）

（1）　　　　　　　　　　（2）　　　　　　　　　　（3）

（4）　　　　　　　　　　（5）　　　　　　　　　　（6）

3. 已知形体的两面投影图及其直观图，补画其第三面投影。

（1）

（2）

（3）

（4）

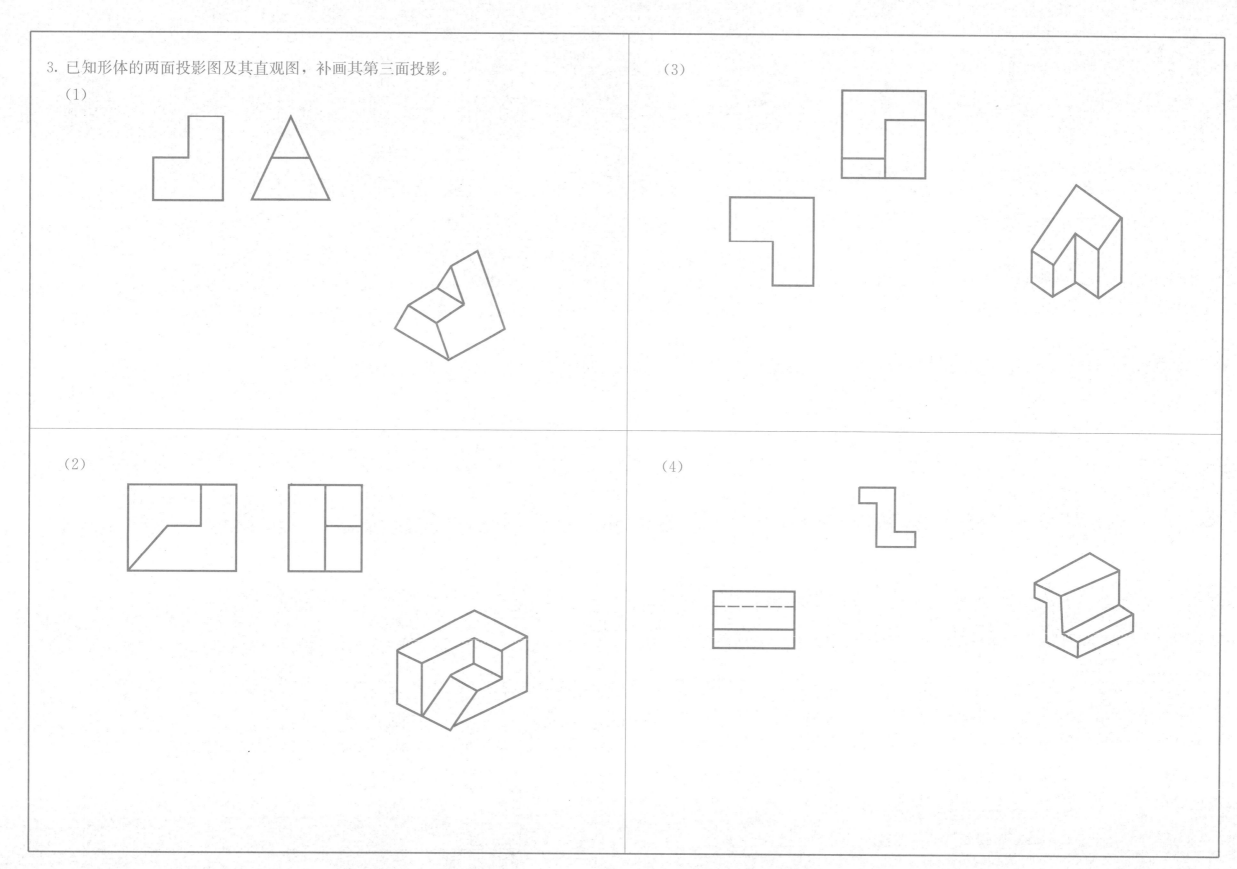

4. 已知形体的立体图，画出其三面投影图（从立体图上量取尺寸）。

(1)

(2)

（3）

（4）

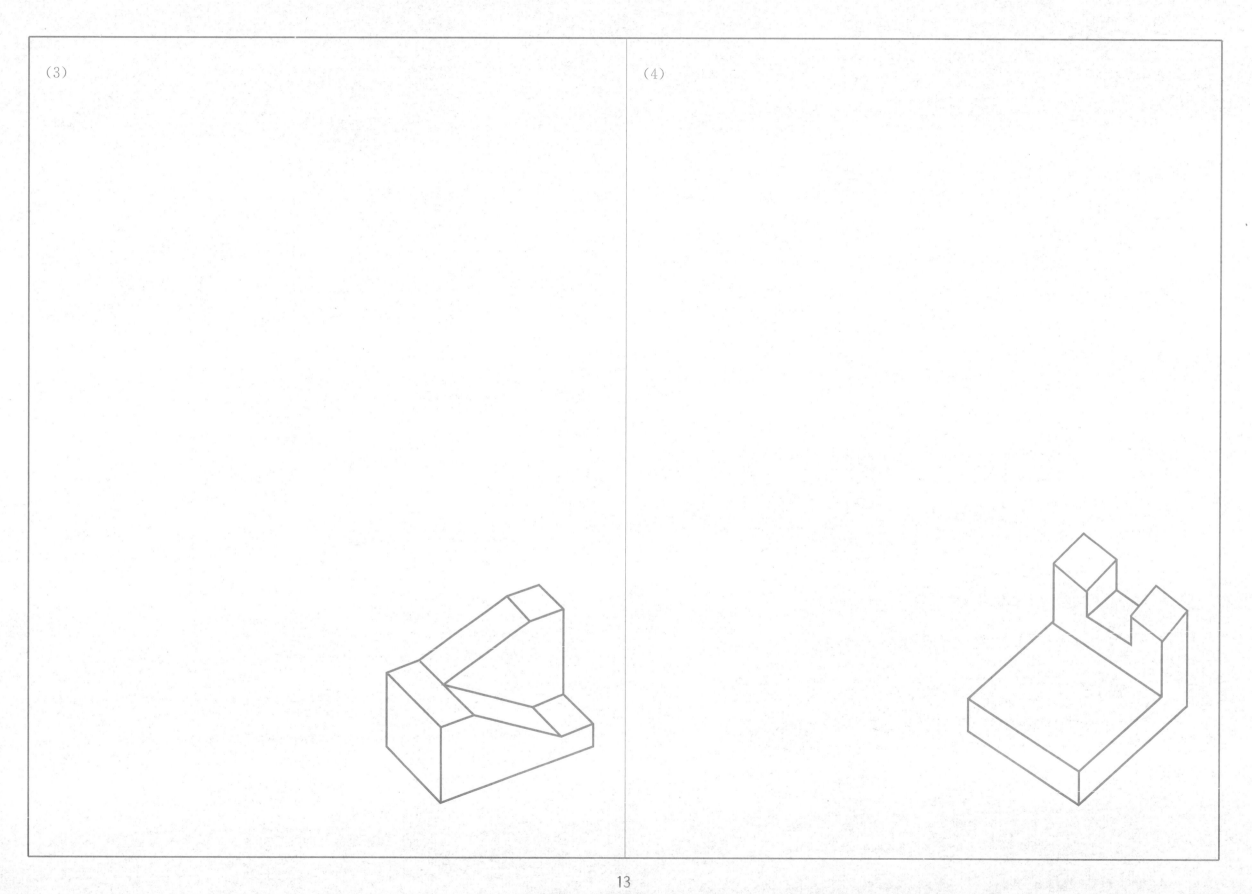

5. 完成以下有关点的投影的练习题。

（1）补画 A 点的第三面投影。

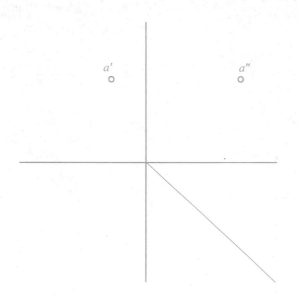

（2）根据下方右图所示 A、B 点的空间位置，画出 A、B 点的三面投影图（从图中量取实长）。

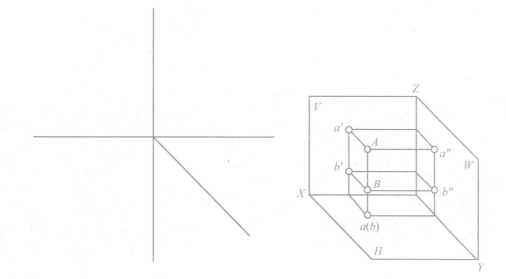

（3）已知 A（5，10，15），B（10，15，5），求作 A、B 点的三面投影（单位：mm）。

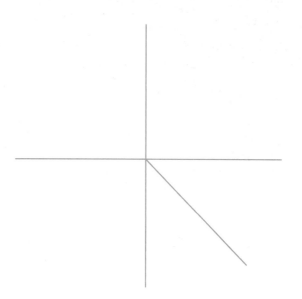

（4）已知 A 点距 V、H、W 面分别为 6mm、10mm、15mm，求作点 A 的三面投影图。

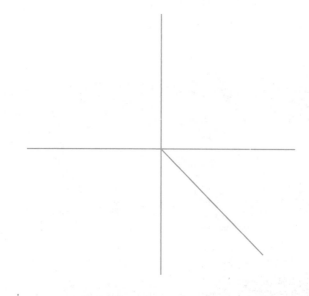

（5）已知 A 点的三面投影图，E 点在 A 点右方 4mm，后方 8mm，下方 6mm，求 E 点的三面投影（单位：mm）。

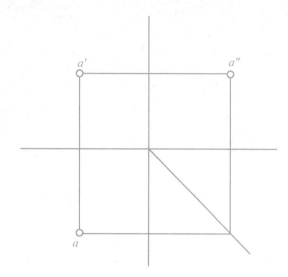

（6）补画 A 点和 B 点的第三面投影，并画出 A、B 点的立体图（从图中量取实长）。

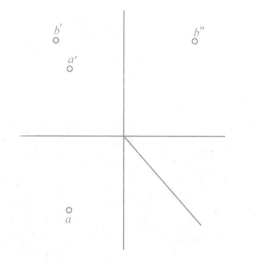
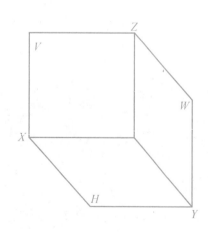

（7）已知 B 点距离 A 点 15mm，点 B 在点 A 左边，点 C 在点 A 正后方 15mm，点 D 在点 A 的正下方 15mm。补全 $ABCD$ 各点的三面投影，并标明可见性。

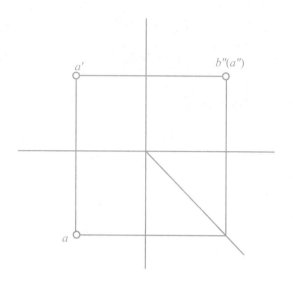

6. 对照立体图，在三面投影图中注明 A、B、C 点的投影。

(1)

(3)

(2)

(4)

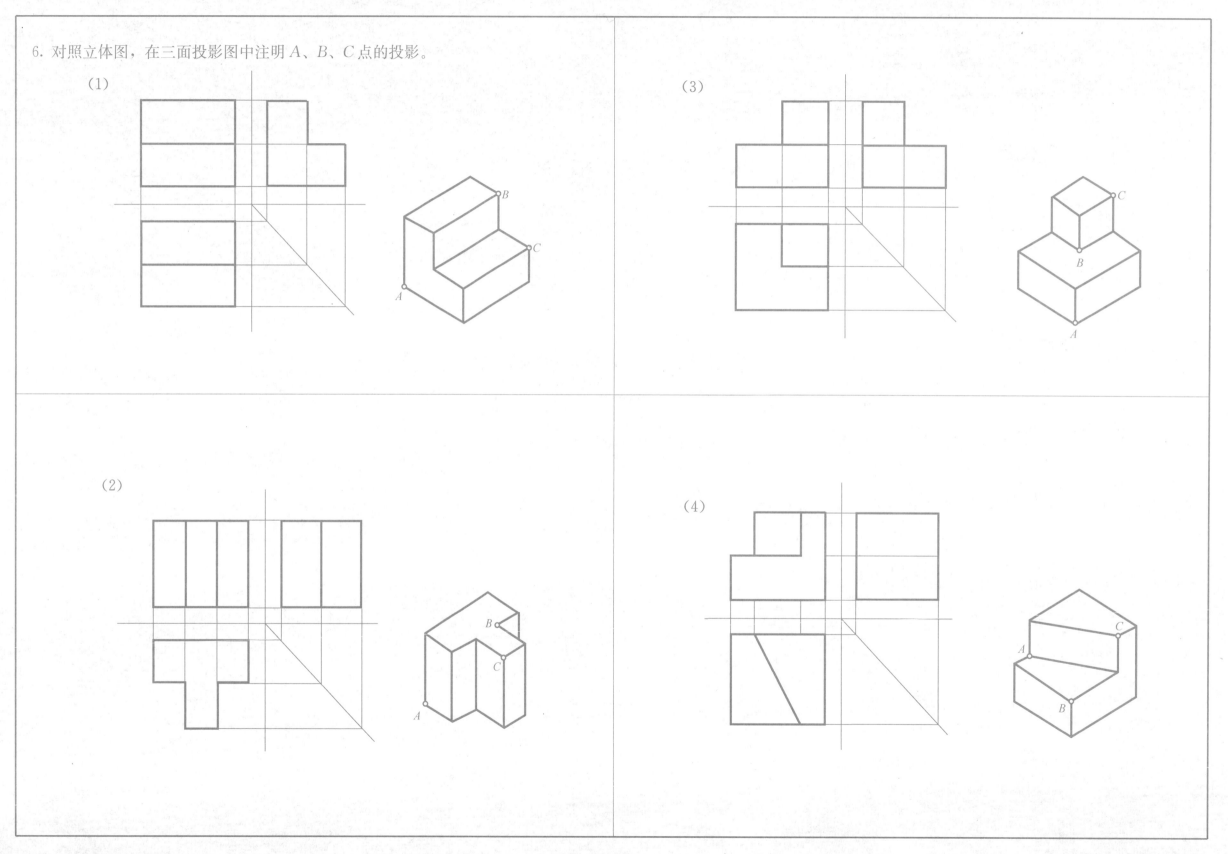

16

7. 作出下列直线的第三面投影，并说明分别是什么位置直线。

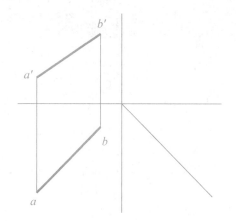

AB 是＿＿＿＿＿线

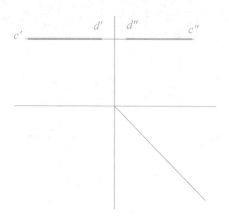

CD 是＿＿＿＿＿线

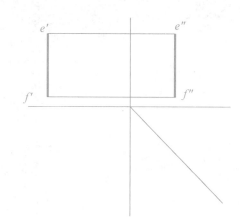

EF 是＿＿＿＿＿线

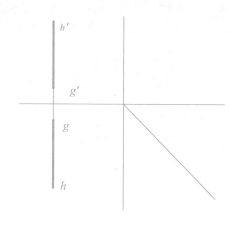

GH 是＿＿＿＿＿线

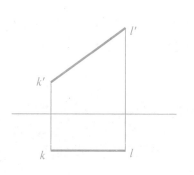

KL 是＿＿＿＿＿线

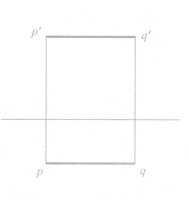

PQ 是＿＿＿＿＿线

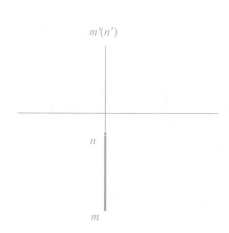

MN 是＿＿＿＿＿线

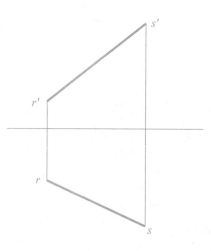

RS 是＿＿＿＿＿线

8. 完成以下有关线的投影的练习题。

（1）已知一般位置直线 AB 的 B 点在 A 点的前面 5mm，补画其他投影，并画出线 AB 的立体图。

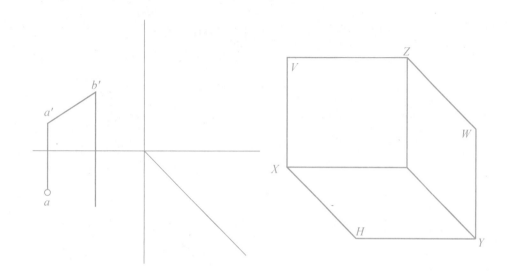

（3）已知 B 点在 A 点的下方，过 A 点作铅垂线 $AB=18$mm。

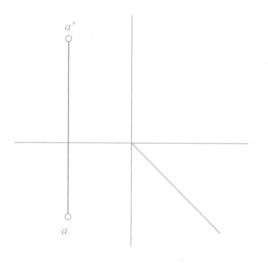

（2）已知 A 点在 B 点右侧，过 B 点作侧垂线 $BA=11$mm。

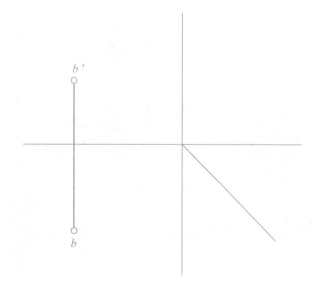

（4）已知 B 点在 A 点的前方，作正垂线 $AB=15$mm。

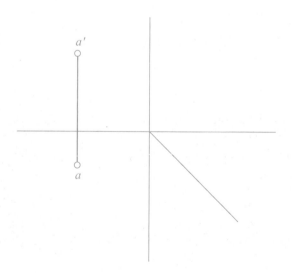

（5）已知水平线 $AB=10$mm，对 V 面的倾角 $\beta=45°$，B 点在 A 点的右前方，作出其三面投影。

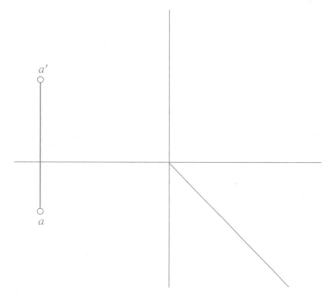

（6）已知侧平线 $BC=15$mm，对 V 面倾角的 $\beta=45°$，C 点在 B 点的前下方，作出其三面投影。

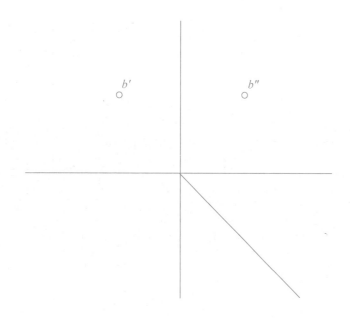

（7）在三面投影图中补充直线段 AB、BC、CA 及 AD 的投影并说明它们分别是什么位置线。

AB 是＿＿＿＿＿＿线；

BC 是＿＿＿＿＿＿线；

CA 是＿＿＿＿＿＿线；

AD 是＿＿＿＿＿＿线。

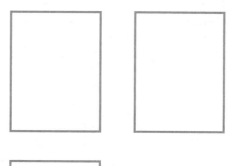

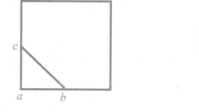

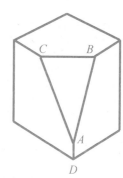

9. 补绘平面的第三投影，并说明分别是什么平面。

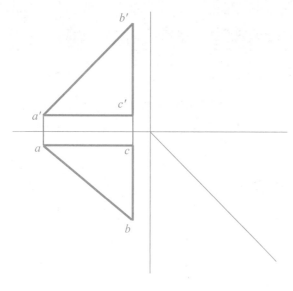

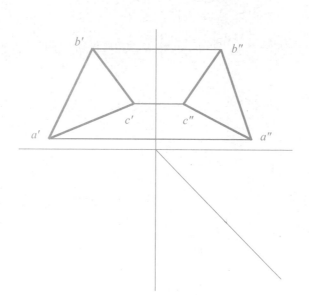

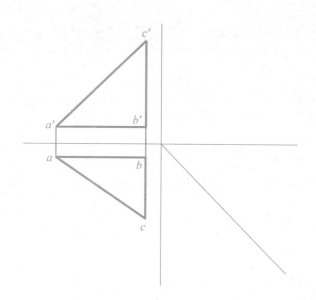

ABC 是_____面

ABC 是_____面

ABC 是_____面

10. 判断下列平面的类型。

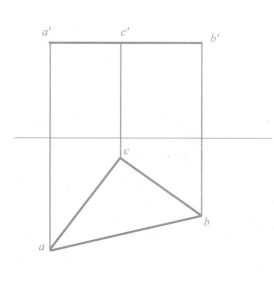

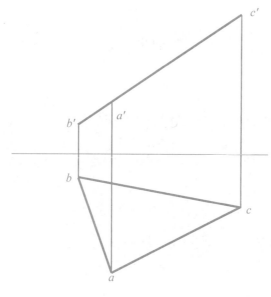

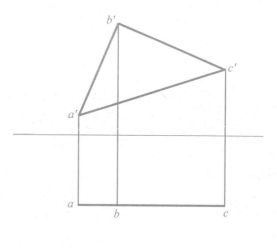

ABC 是_____面

ABC 是_____面

ABC 是_____面

11. 完成以下有关面的投影的练习题。

（1）作出平面的第三面投影。

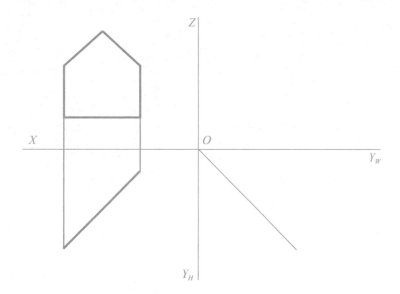

（2）已知平面的 V、W 面投影，作出其 H 面投影。

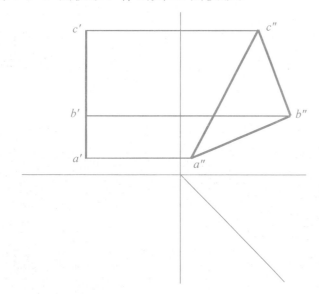

（3）已知铅垂面的 V、H 面投影，作出其 W 面投影。

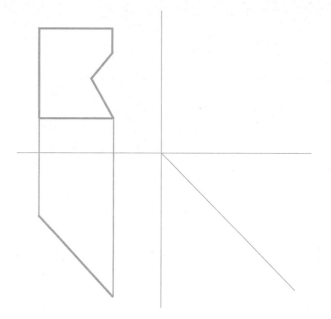

（4）根据立体图，在投影图上标注出 P、Q、R、S、T 面的三面正投影，并判断分别是哪种位置面。

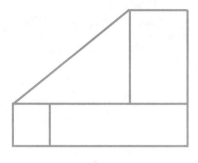 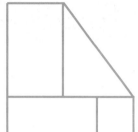

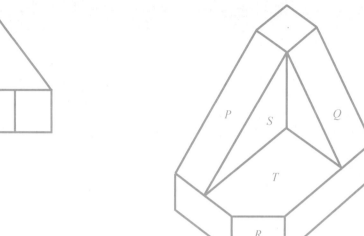

平面 P 是＿＿＿＿＿＿＿＿＿面；

平面 Q 是＿＿＿＿＿＿＿＿＿面；

平面 R 是＿＿＿＿＿＿＿＿＿面；

平面 S 是＿＿＿＿＿＿＿＿＿面；

平面 T 是＿＿＿＿＿＿＿＿＿面。

（5）对照投影图中给出的 P、Q、R 面，将三面投影图和立体图上各面的字母标注完整，并填空。

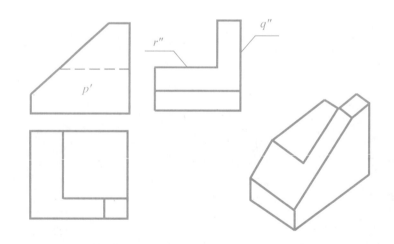

平面 P 是＿＿＿＿＿面，它在＿＿＿＿＿面的投影反映实形。

平面 Q 是＿＿＿＿＿面，它在＿＿＿＿＿面的投影反映实形。

平面 R 是＿＿＿＿＿面，它在＿＿＿＿＿面的投影反映实形。

1. 完成下列基本几何体的第三面投影。

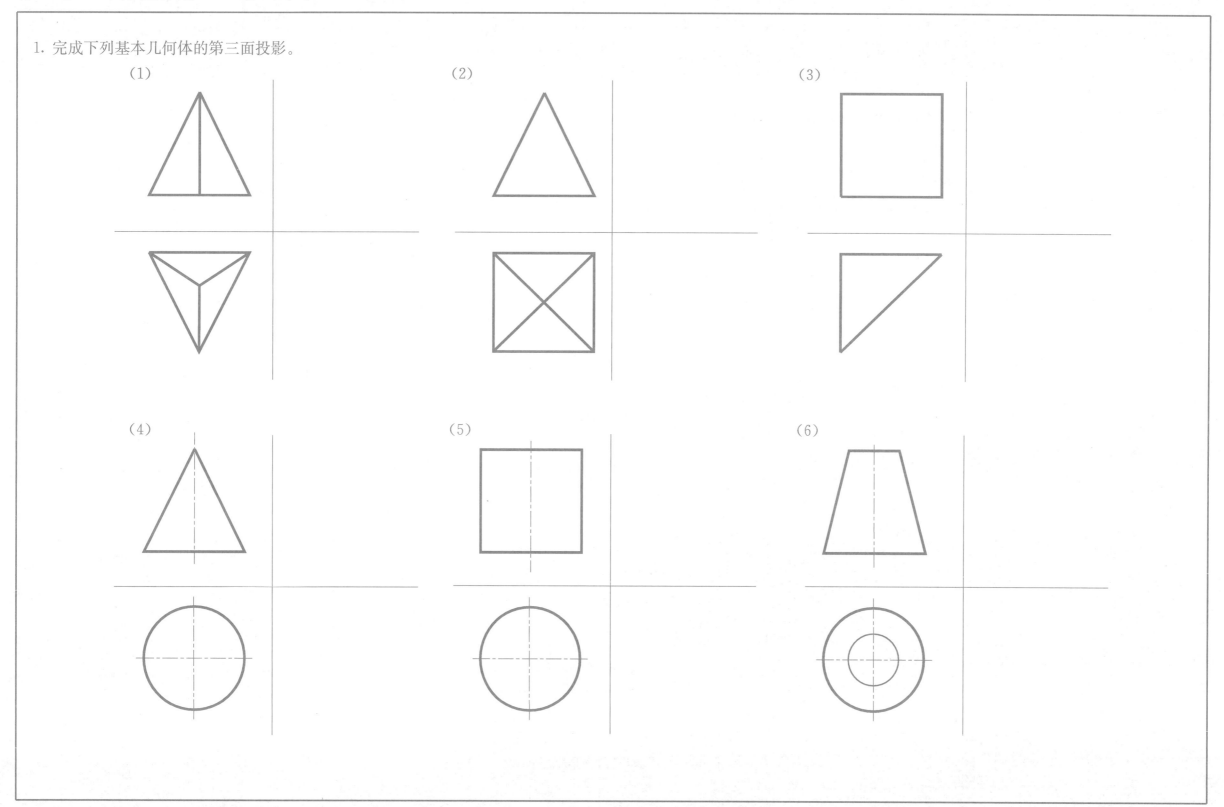

（1）　　　　　　　　　　（2）　　　　　　　　　　（3）

（4）　　　　　　　　　　（5）　　　　　　　　　　（6）

2. 已知五棱柱高 25mm，底面与 H 面平行且相距 5mm，试作五棱柱的三面投影图。

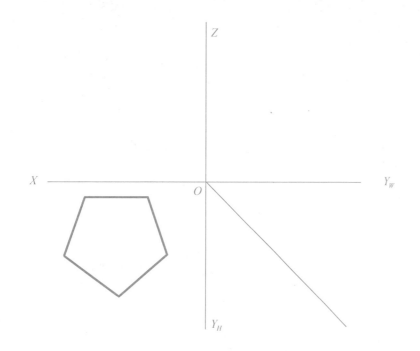

3. 基本体表面上的点、线的可见性如何判断？

4. 已知正四棱锥底面边长 15mm、高 20mm，底面与 H 面平行，相距 5mm，且有一底边与 V 面成 30°角，试作此正四棱锥体的三面投影图。

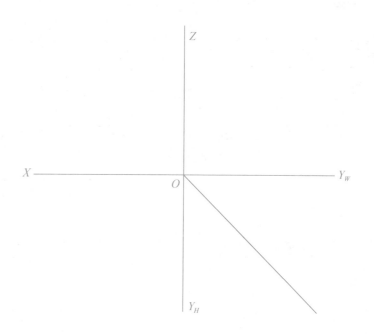

5. 什么是素线法？什么是纬圆法？

6. 补绘形体的第三面投影，并作其表面上的点与直线的另两面投影。

（1）

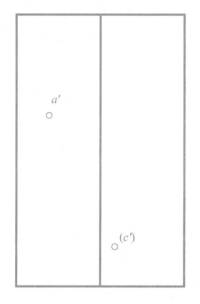

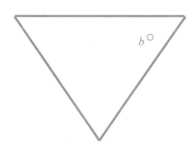

（2）

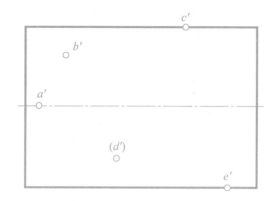

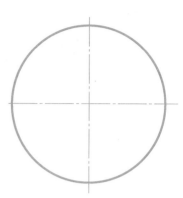

7. 补绘形体的第三面投影，并作其表面上的点与直线的另两面投影。

（1）

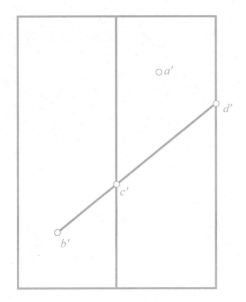

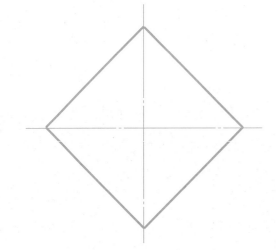

（2）

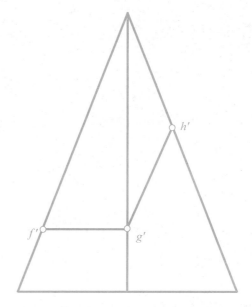

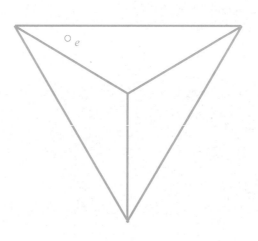

8. 根据立体图，补绘投影图中所缺的图线。

（1）

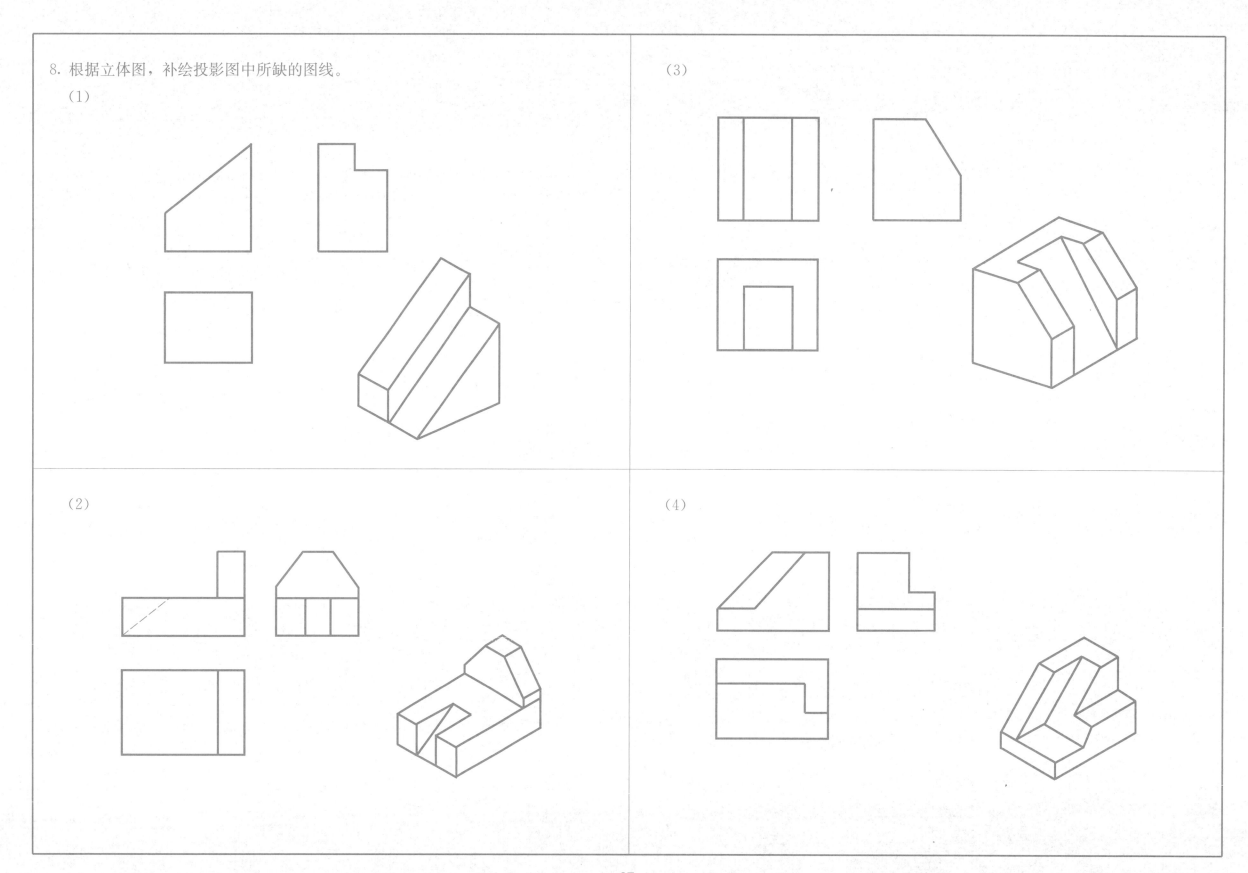

（2）

（3）

（4）

9. 根据直观图，画出形体的三面正投影图，比例 1∶1（具体尺寸可直接在立体图上量取）。

(1)

(2)

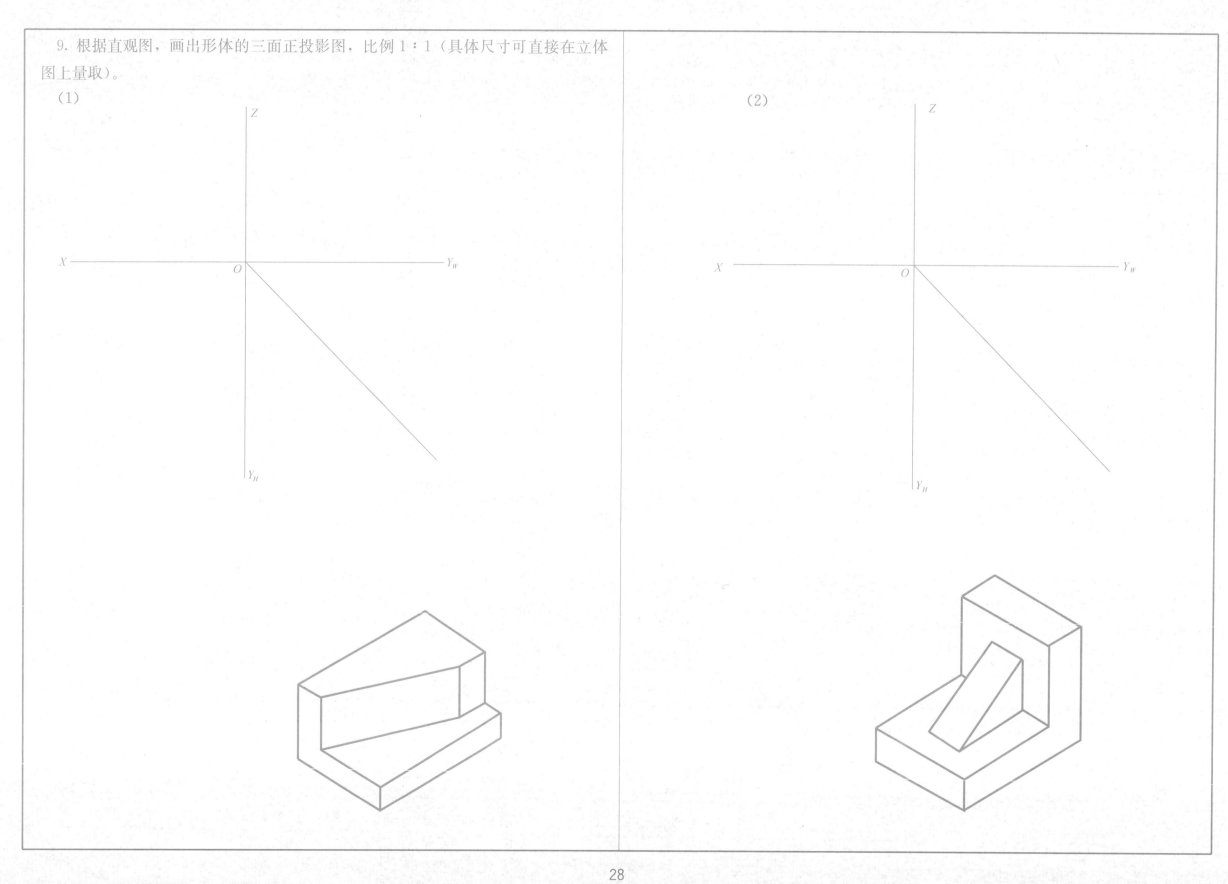

（3）

（4）

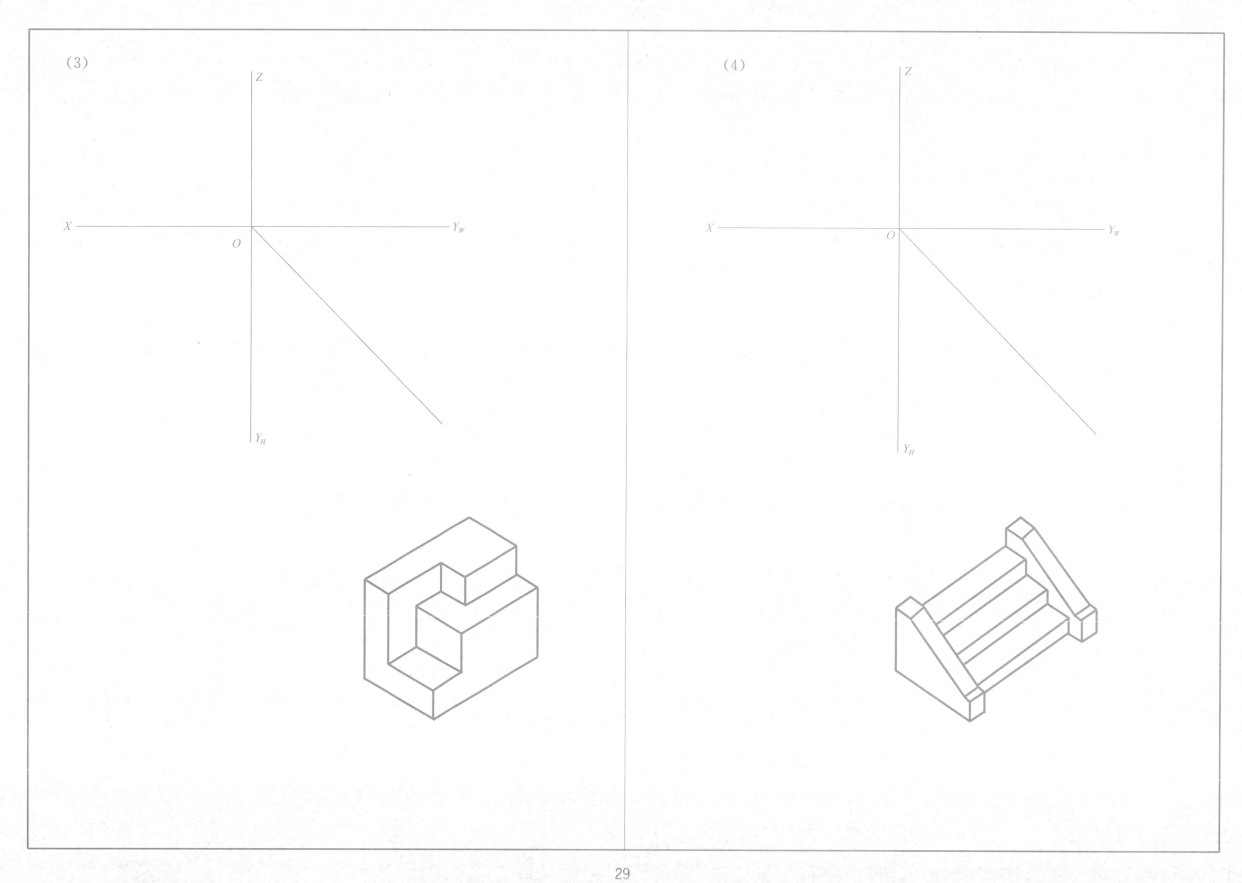

10. 已知组合体的两面投影，补绘第三面投影。

（1）

（2）

（3）

（4）

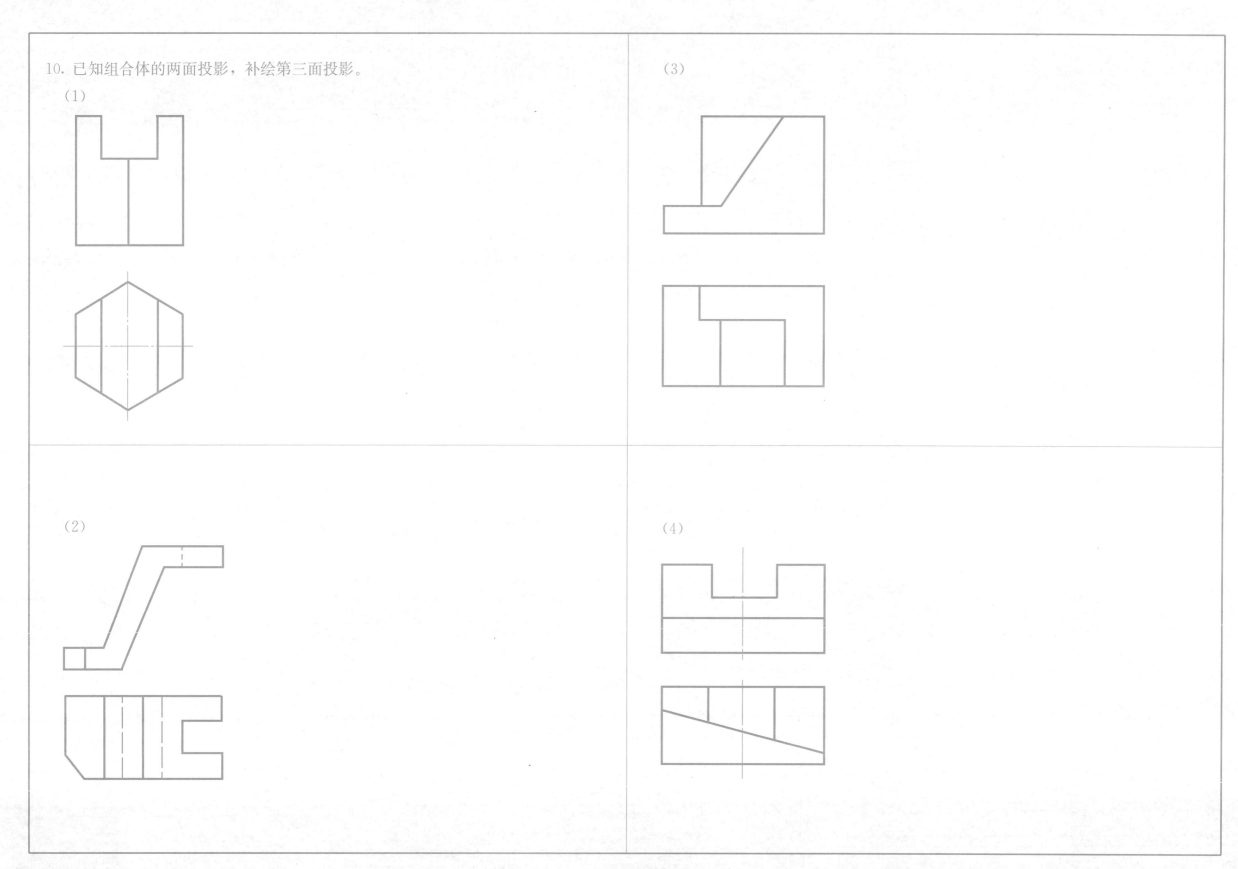

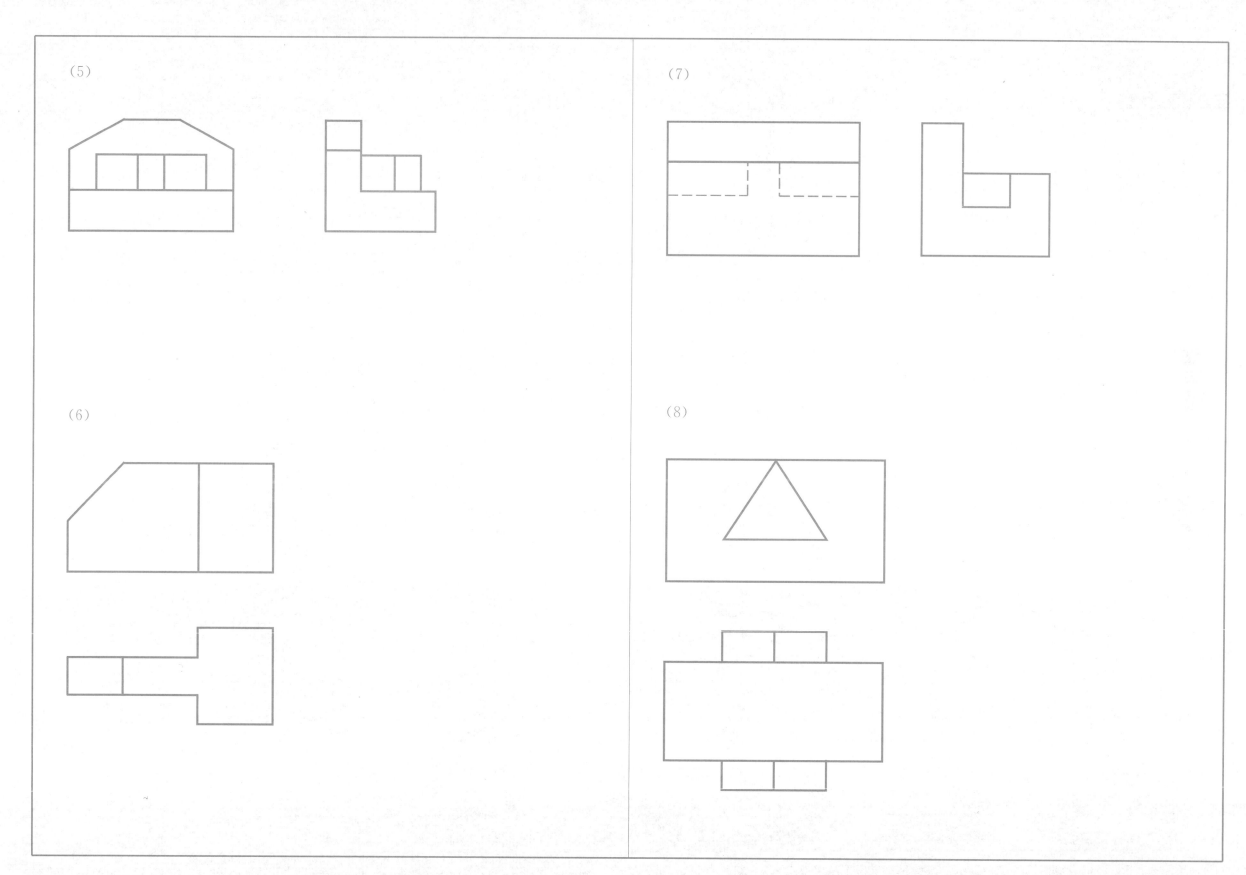

(5)

(6)

(7)

(8)

31

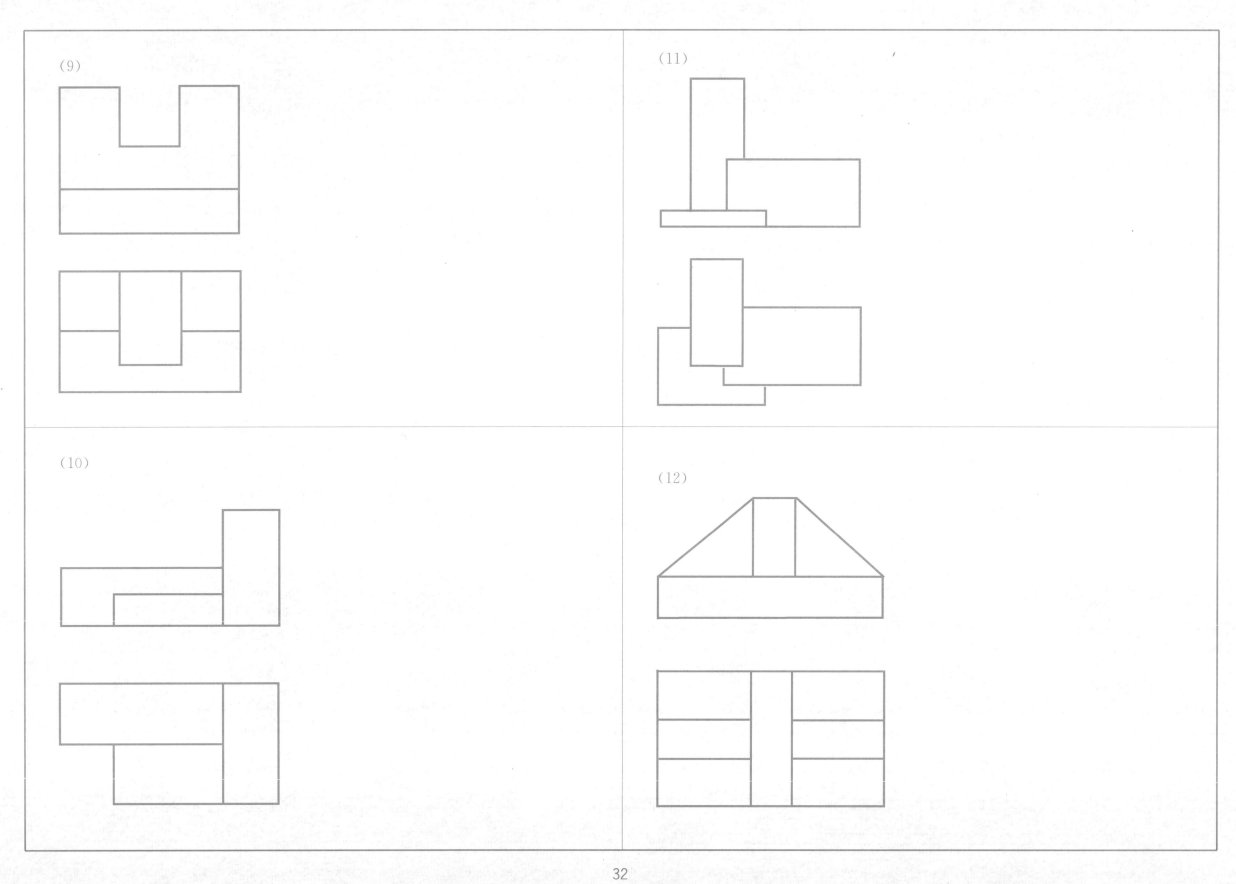

(9)

(10)

(11)

(12)

11. 补绘投影图中所缺的图线。

（1）

（2）

（3）

（4）

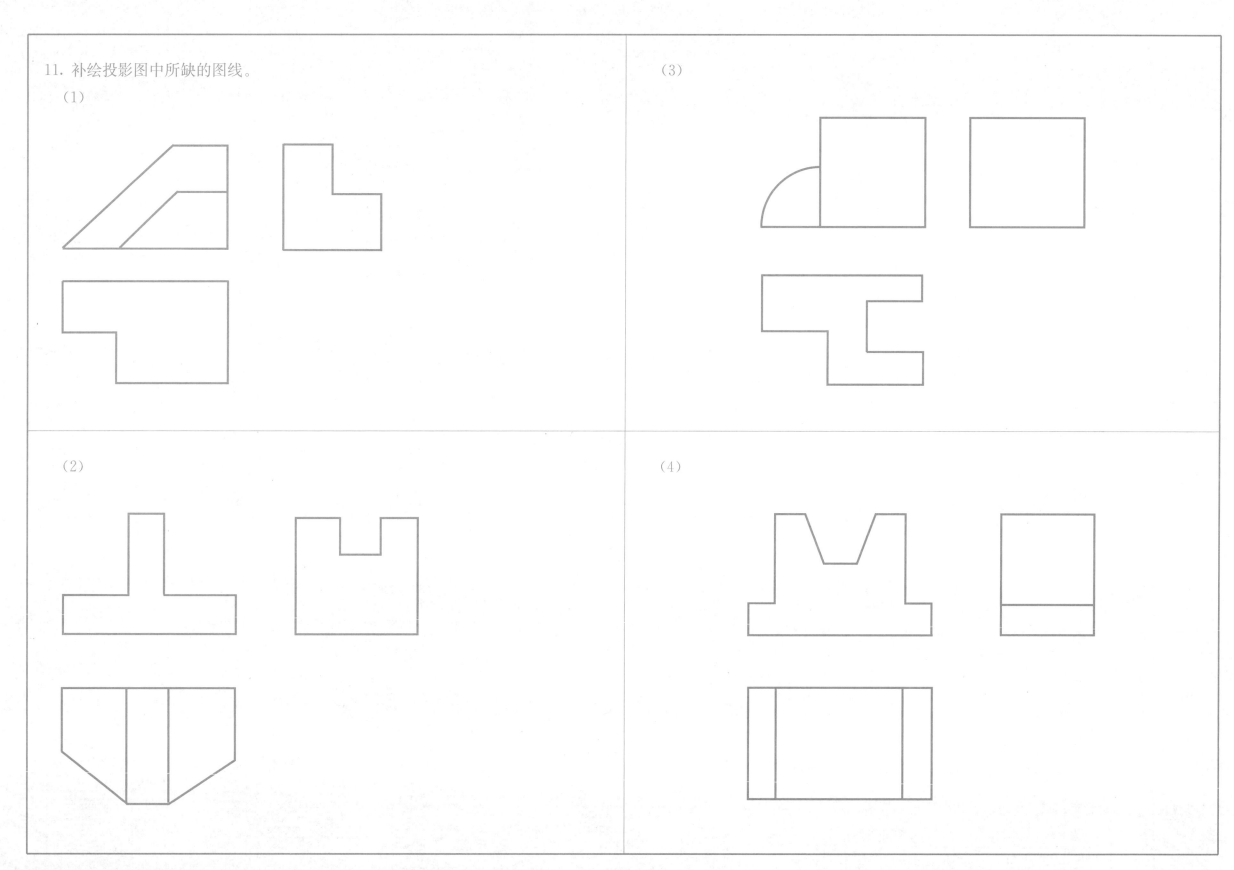

33

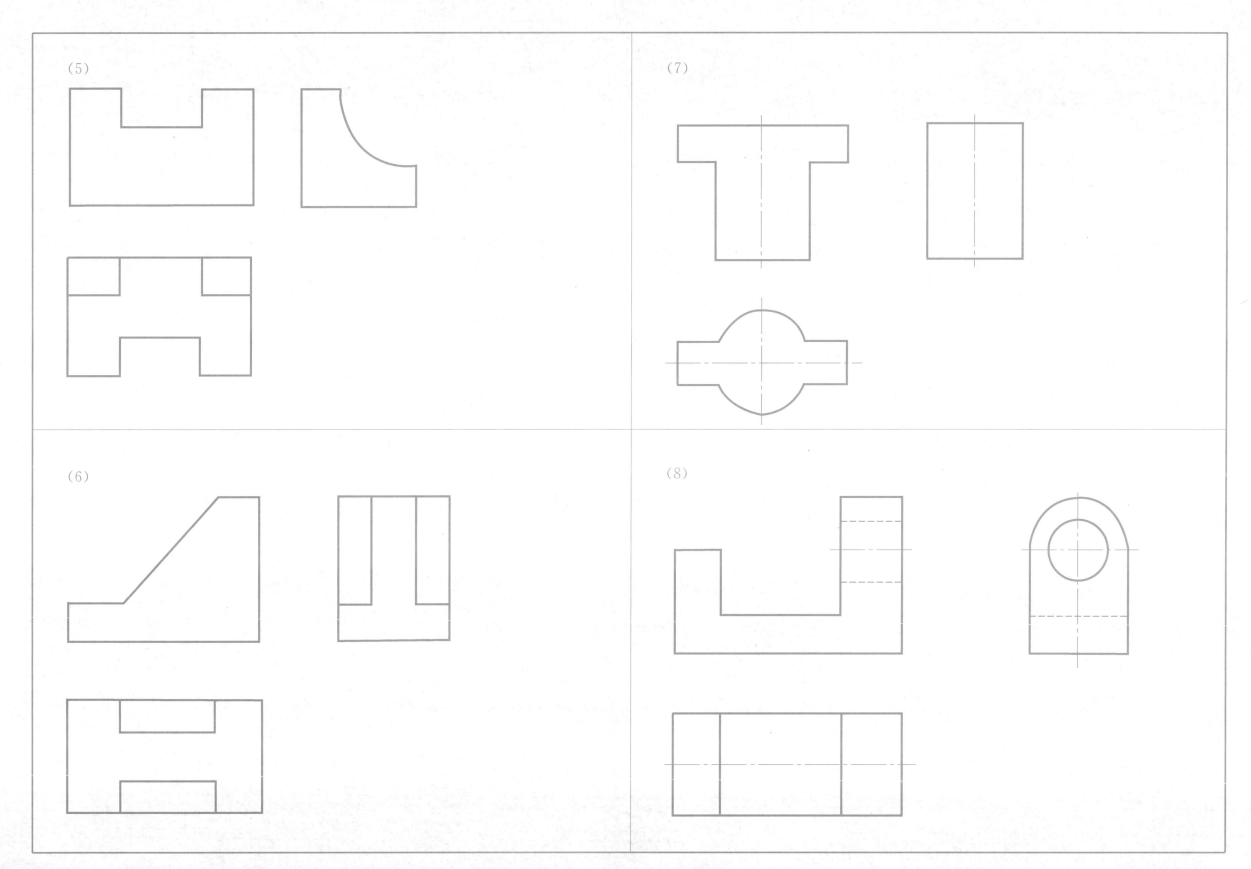

(5)

(6)

(7)

(8)

技能训练：绘出组合体的三面投影图，并标注尺寸。

要求：（1）画出给定立体图的三面投影图，并标注尺寸；

　　　（2）比例 1∶1，A2 图幅，用铅笔绘制；

　　　（3）图名：组合体投影图；

　　　（4）布图均匀，投影及尺寸正确，字体工整，线型分明。

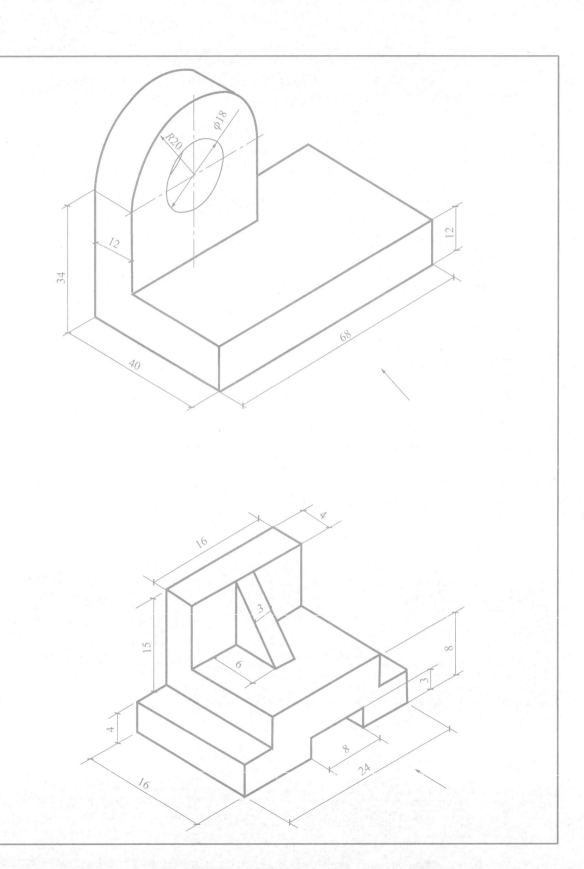

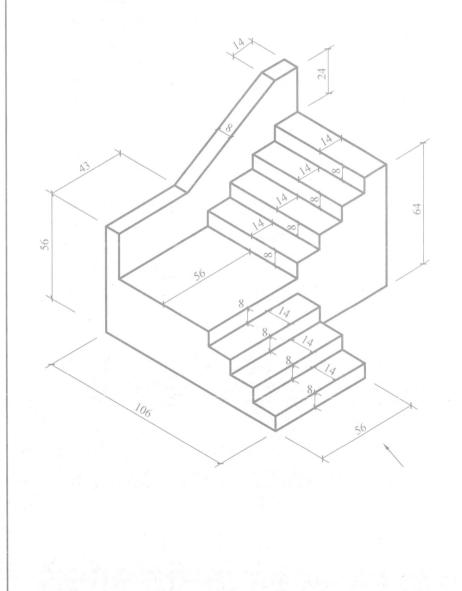

1. 解释术语

(1) 轴测图

(2) 轴向伸缩系数

(3) 镜像投影图

2. 简答

(1) 为什么施工图样不能绘制成轴测图?

(2) 轴测图有哪些类型?

(3) 轴测图的基本性质有哪些? 绘制轴测图的方法有哪些?

(4) 简述建筑图样其他画法的类型, 并分别说明各自的适用情况。

1. 根据投影图作出形体的正等测图。

2. 根据投影图作出形体的正等测图。

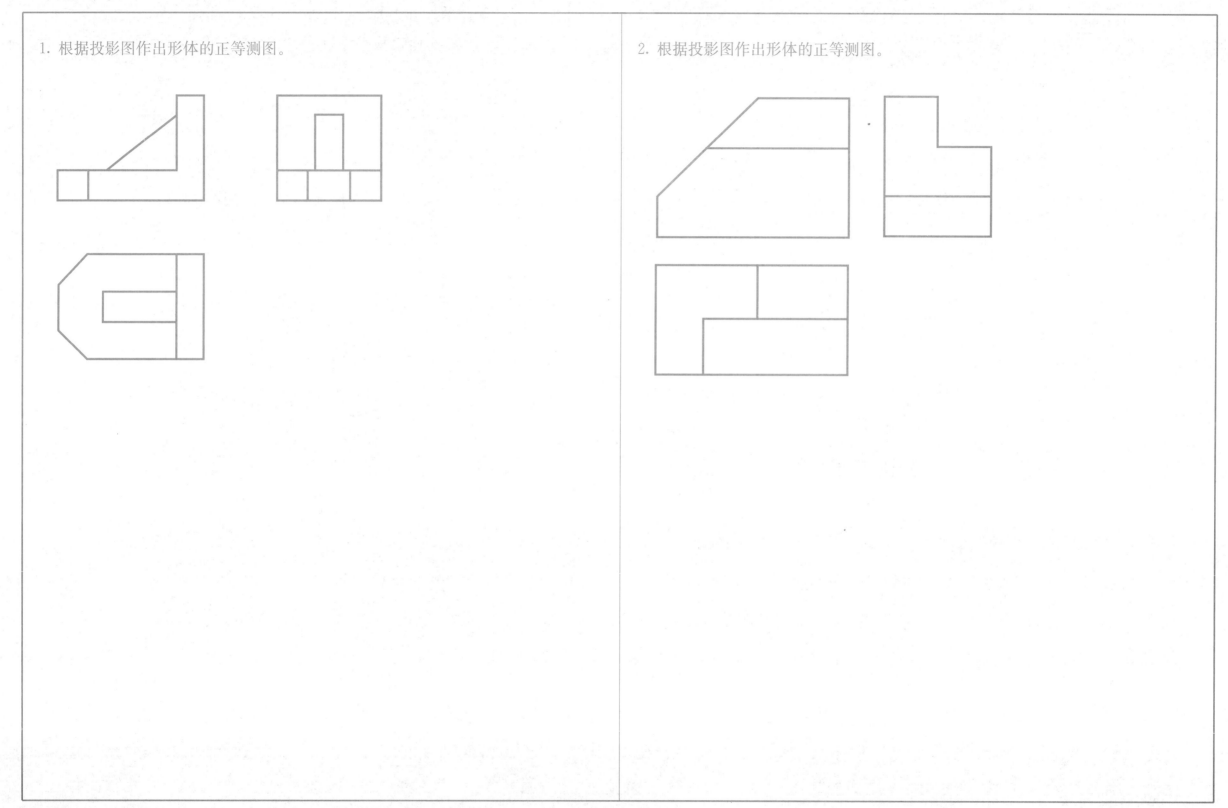

1. 简答

（1）什么是剖面图？剖面图的类型有哪几种？

（2）什么是断面图？断面图的类型有哪几种？

（3）断面图与剖面图的区别是什么？

2. 填写下列图例的名称或者画出指定的材料图例。

混凝土	钢筋混凝土	自然土壤	夯实土壤
石材	耐火砖	石膏板	塑料

3. 根据投影图作出 1—1、2—2 剖面图。

4. 根据投影图作出 1—1 剖面图。

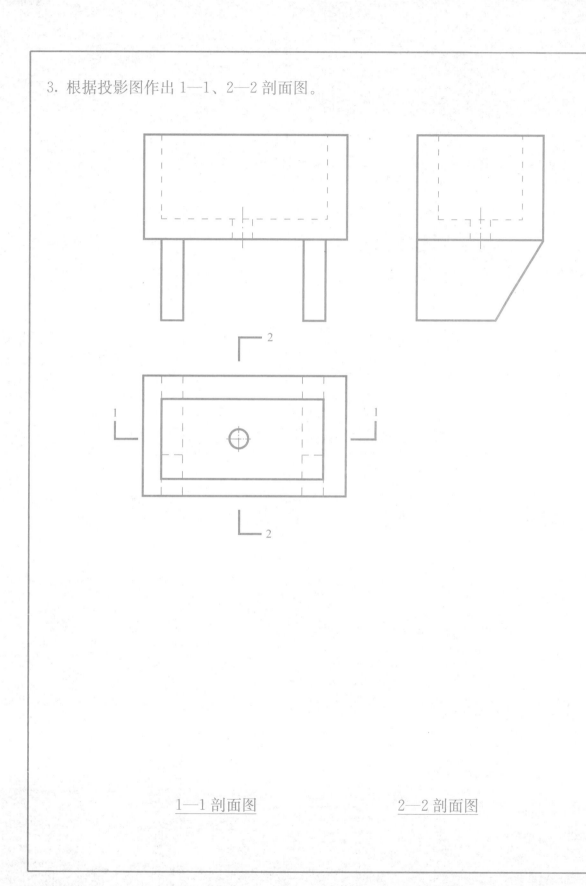

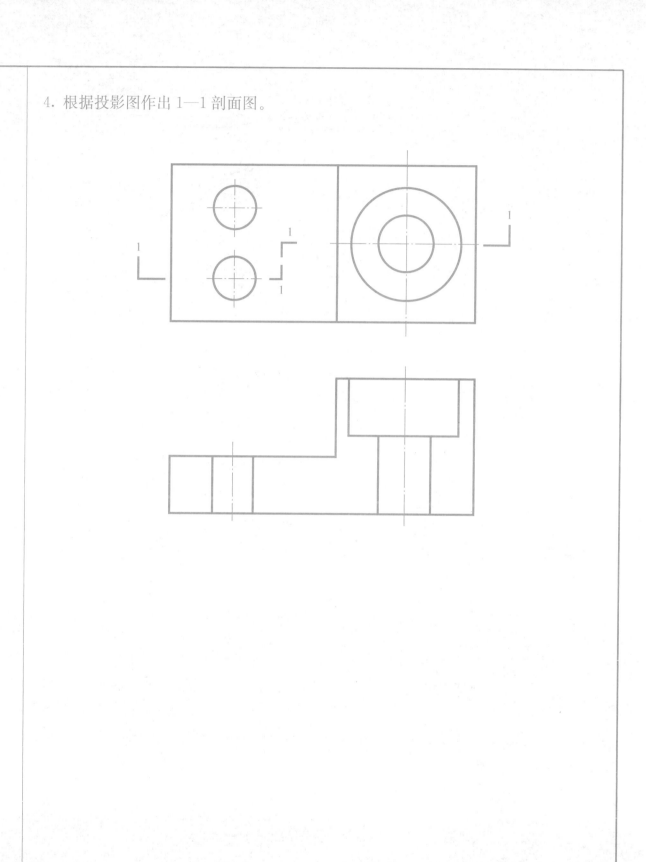

1—1 剖面图   2—2 剖面图

5. 画出下图所示形体的 1—1 剖面图。

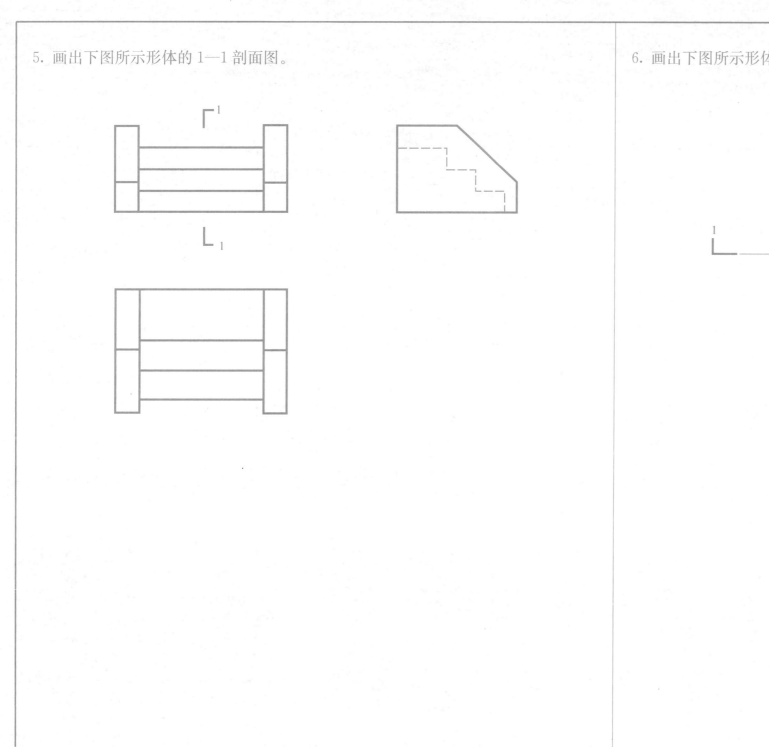

6. 画出下图所示形体的 1—1、2—2 剖面图。

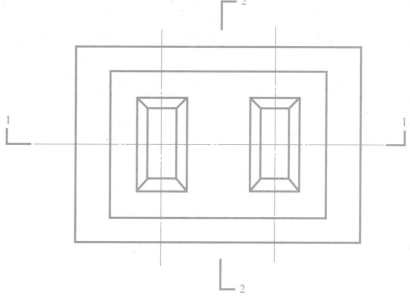

7. 补画 W 投影图，并在空白处作组合体的阶梯剖面图。

8. 画出下图 1—1 剖面图、2—2 剖面图。

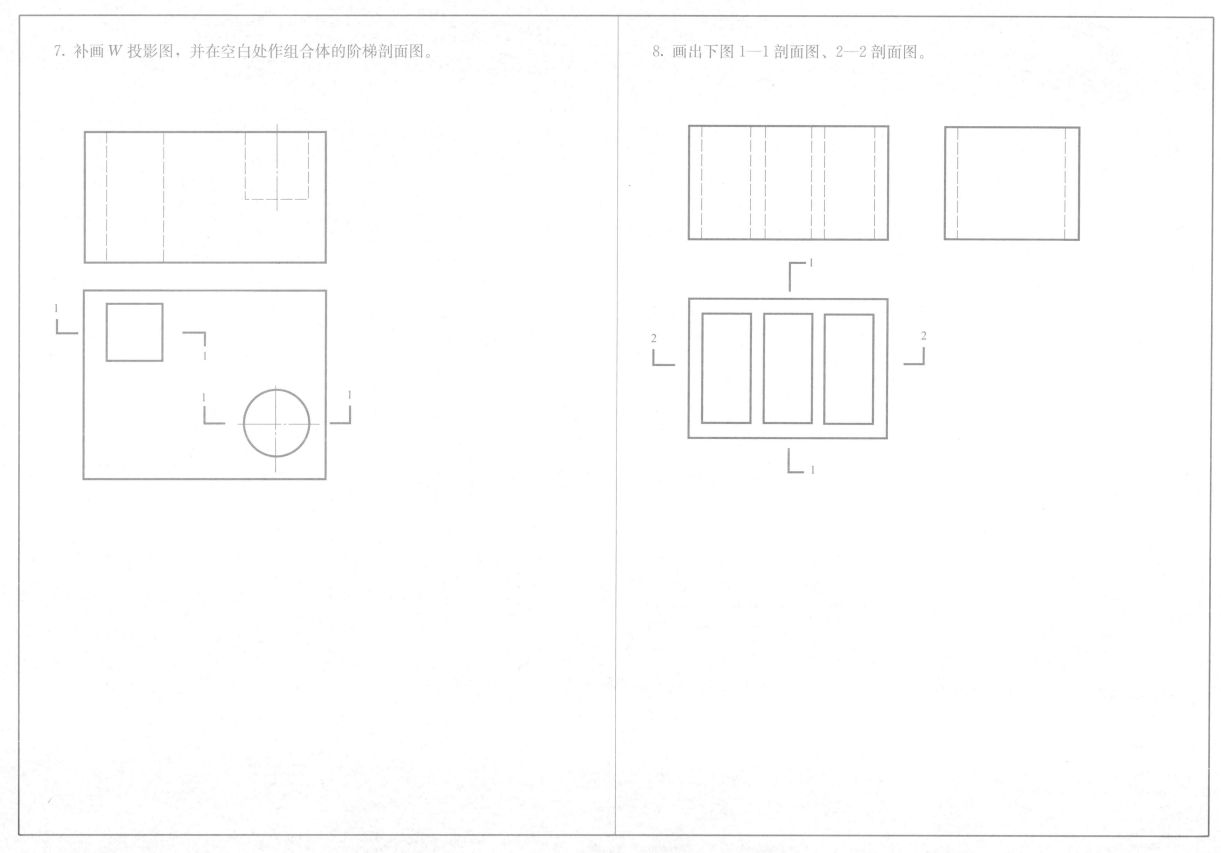

9. 画出钢筋混凝土肋形楼盖的 1—1 剖面图。

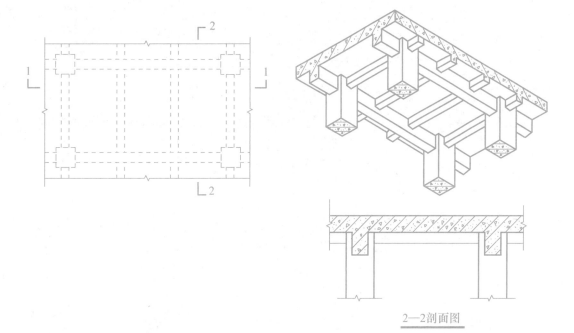

2—2剖面图

10. 作钢筋混凝土预制柱的 1—1、2—2、3—3、4—4 断面图。

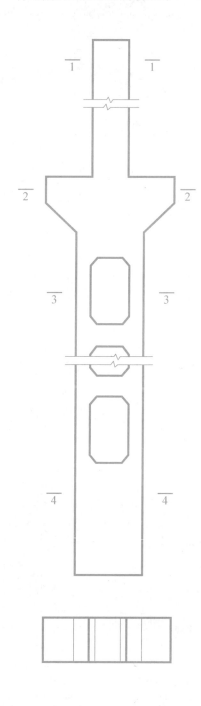

11. 作出下图的 1—1、2—2 断面图。

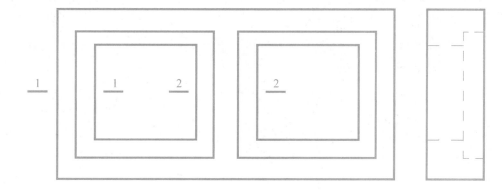

12. 绘制钢筋混凝土梁的 1—1、2—2 断面图。

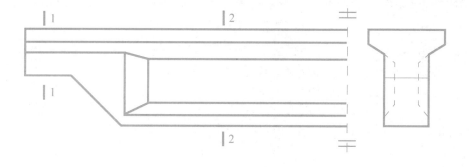

13. 根据（a）图，在（b）图中画出中断断面图，在（c）图中画出重合断面图。

14. 作出下图所示形体的 1—1、2—2 断面图。

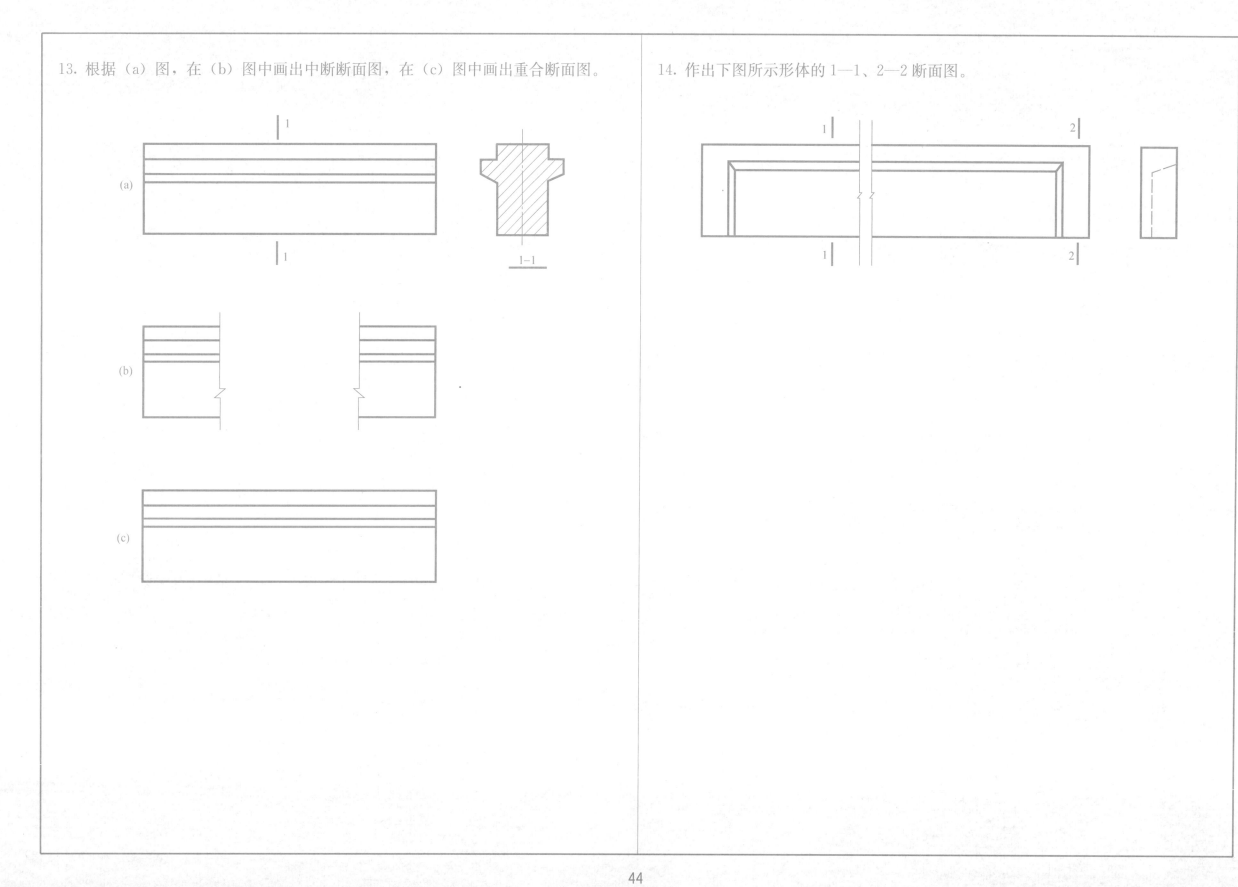

(a)

1—1

(b)

(c)

技能训练：抄绘图示房屋的立面图和平面图，并绘制 1—1 剖面图。

要求：（1）用 A2 图纸绘制，比例自定，尺寸从图中量取。

（2）图名：房屋投影图。

（3）布图均匀，投影关系正确，字体工整，线宽分明。

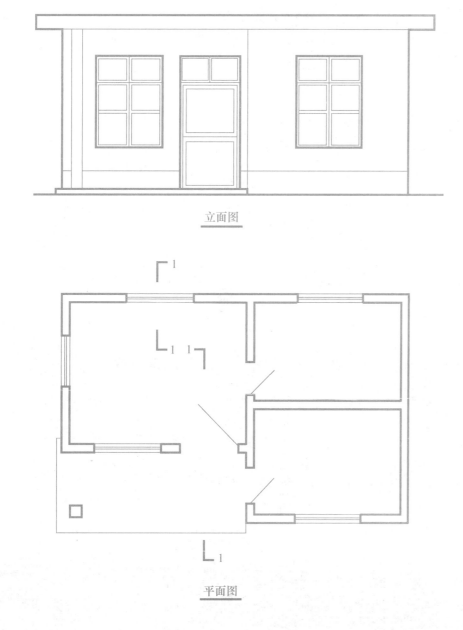

立面图

平面图

1. 解释术语或符号

　(1) 公共建筑

　(2) 燃烧性能

　(3) 耐火极限

　(4) 定位轴线

　(5) 建筑模数

2. 填空

　(1) 建筑物按照使用功能不同，分为_____、_____、_____。

　(2) 民用建筑按规模和数量分为_____或_____。

　(3) 10 层住宅按功能划分属于_____建筑，按高度划分属于_____建筑，其结构类型可以为_____或_____。

　(4) 从广义上讲，建筑是_____和_____的总称。

　(5) 伸缩缝在建筑物中应断开的部位有_____、_____、_____等。

　(6) 基本模数的尺寸为_____，房屋开间、进深应符合_____模数数列。

　(7) 多层构造层次为横向组合时，引出线由上至下的说明顺序，应与由_____至_____的层次一致。

3. 选择题（每题至少有一个正确答案）

　(1) 属于居住建筑的是（　　）。

　A. 办公楼　　　B. 学生宿舍　　　C. 别墅　　　D. 公寓　　　E. 医院

　(2) 一般性建筑物的耐久年限为二级，其耐久年限为（　　）年。

　A. 100 年以上　　　　　　　　　B. 50～100 年

　C. 80～120 年　　　　　　　　　D. 50 年

　E. 25～50 年

　(3) 建筑平面图中的"轴线"应该用（　　）绘制。

　A. 细实线　　　B. 中实线　　　C. 细点画线　　　D. 双点画线

　(4) 钢筋混凝土结构高层建筑的定义是（　　）。

　A. 建筑高度为 20m 的体育馆　　　B. 建筑高度为 26m 的单层食堂

　C. 建筑层数为 9 层的住宅　　　　D. 建筑层数为 12 层的住宅

　(5) 建筑物的组成部分当中不包括（　　）。

　A. 地基　　　B. 基础　　　C. 墙体　　　D. 柱

　(6) 标高的类型有（　　）。

　A. 建筑标高　　　　　　　　　　B. 结构标高

　C. 绝对标高　　　　　　　　　　D. 相对标高

　(7) 在多层砖混结构中，防震缝的宽度为（　　）mm。

　A. 20～30　　　B. 40　　　C. 50～100　　　D. 200　　　E. 150

4. 简答

（1）举例说明何为建筑物？何为构筑物？

（2）民用建筑由哪些部分组成？各组成部分的作用是什么？

（3）建筑物按耐久年限分几级？

（4）建筑平面图中定位轴线的作用是什么？定位轴线编号的原则是什么？

（5）变形缝的作用是什么？包括哪几种？各自的宽度和设置要求是什么？

（7）墙体的平面定位轴线如何确定？并画图表示。

（6）何为基本模数、扩大模数、分模数？

（8）建筑构配件有哪几种尺寸？这几种尺寸之间的关系如何？

1. 技能训练

（1）下图是某教学楼平面示意图，内墙为 24 墙（240mm），外墙为 37 墙（370mm），变形缝宽 60mm，两侧的墙按承重外墙处理。试确定轴线与墙的位置关系，并对纵横向定位轴线进行编号。

（2）若该教学楼为层高为 3.3m，共 3 层，请选定一剖切位置绘出该教学楼的剖面示意图（楼板层厚度为 120mm）。要求表示出地面、楼面、平屋顶与竖向定位轴线的关系。

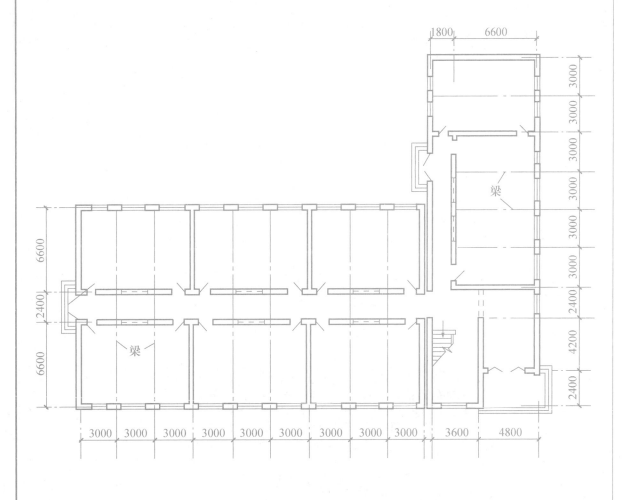

2. 某住宅楼建筑施工图上，某窗的标注尺寸为 1500mm×1800mm（宽×高）。施工单位施工时，考虑为了方便窗框安装，将窗洞口尺寸留置为 1540mm×1840mm；门窗承包单位照图加工好窗，安装后发现窗框每边的缝隙宽度为 40mm 左右。监理对该窗验收时，因缝隙宽度过大判定为不合格。请针对上述事件回答下列问题：

（1）该窗的标志尺寸为多大？构造尺寸为多大?

（2）造成该窗安装不合格的责任在哪一方?

1. 解释术语

　　(1) 人工地基

　　(2) 半地下室

　　(3) 箱形基础

　　(4) 采光井

2. 填空

　　(1) 地基分为_____和_____两大类。

　　(2) 无筋扩展基础的类型有_____、_____、_____、_____等。

　　(3) 桩基础由_____和_____两部分组成。

　　(4) 筏板基础按结构形式，可分为_____和_____。

　　(5) 地下室一般由_____、_____、_____、_____、_____和_____等部分组成。

　　(6) 基础埋深的最小深度为_____。

3. 选择题（每题至少有一个正确答案）

　　(1) 当地下水位很高，基础不能埋在地下水位以上时，应将基础底面埋置在（　　）以下，以避免基础底面处于地下水位变化范围之内。

　　A. 最高水位 200mm　　　　　　　　B. 最低水位 200mm

　　C. 最高水位 500mm　　　　　　　　D. 最低水位 500mm

　　(2) 属于基础按构造形式分类的有（　　）。

　　A. 条形基础　　　　　　　　　　　B. 扩展基础

　　C. 砖基础　　　　　　　　　　　　D. 桩基础

　　E. 独立基础

　　(3) 地下室的卷材外防水构造中，墙身卷材须从底板包上来，并沿墙体铺设至顶板结构顶面，高度不小于（　　）处收头。

　　A. 50mm　　　　　　　　　　　　　B. 240mm

　　C. 500mm　　　　　　　　　　　　D. 1000mm

　　(4) 砖混结构墙体宜采用（　　）。

　　A. 独立基础　　　　　　　　　　　B. 桩基础

　　C. 条形基础　　　　　　　　　　　D. 箱形基础

　　(5) 地下室墙按（　　）设计确定其厚度。

　　A. 防水墙　　　　　　　　　　　　B. 挡土墙

　　C. 抗震墙　　　　　　　　　　　　D. 保温墙

　　(6) 下列基础属于扩展基础的是（　　）。

　　A. 混凝土基础　　　　　　　　　　B. 毛石基础

　　C. 砖基础　　　　　　　　　　　　D. 钢筋混凝土基础

4. 简答

（1）什么是基础？什么是地基？

（2）基础按构造形式分为哪几类？各自的适用范围如何？

（3）什么是基础埋深？影响因素有哪些？

（4）沉降缝处的基础如何处理？

（5）地下室在什么情况下要防潮？什么情况下要防水？

（6）简述地下室防潮构造要点。

1. 在图中括号内填入对应的内容并回答问题。

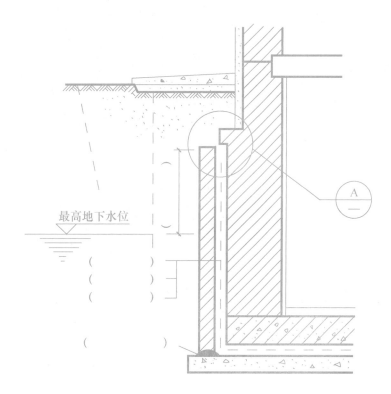

最高地下水位

（　　）

（　　）

（　　）

（　　）

A
—

（1）该构造图的图名为＿＿＿＿＿＿＿。

（2）图中 ⊘A/— 表示的含义为＿＿＿＿＿＿＿。

2. 根据图示画出采光井的1—1剖面图。

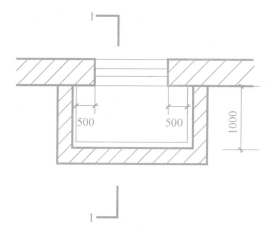

500　　500　　1000

1. 解释术语

　　（1）山墙

　　（2）散水

　　（3）过梁

　　（4）勒脚

　　（5）圈梁

　　（6）清水墙

2. 填空

　　（1）标准砖的规格为_____，砖砌体灰缝宽度一般为_____mm。

　　（2）常用的砌筑砂浆有_____、_____、_____，砌筑地下室墙体宜用_____砂浆。

　　（3）按受力方式不同，墙体可分为_____、_____。

　　（4）钢筋混凝土圈梁的宽度宜与_____相同，高度不小于_____。

　　（5）隔墙按构造方式分有_____、_____、_____三大类。

　　（6）墙面装修按装修位置分有_____和_____，按施工工艺分有_____、_____、_____、_____、_____等。

　　（7）对于经常受到碰撞的内墙阳角，应用 1：2 水泥砂浆做护角。护角高不应小于_____，每侧宽度不应小于_____。

3. 连线题（将有关联的内容用线连起来

散水宽　　　　　　　　　　　　　20～30mm

勒脚高　　　　　　　　　　　　　0.6～1m

伸缩缝宽　　　　　　　　　　　　60mm

悬挑窗台挑出　　　　　　　　　　500mm

钢筋混凝土过梁在墙上的长度不少于　240mm

4. 选择题（每题至少有一个正确答案）

　　（1）图 1 砖墙的组砌方式是（　　　）。

　　A. 梅花丁　　　　B. 多顺一丁　　　　C. 一顺一丁　　　　D. 全顺式

　　　　　图 1　　　　　　　　　　　图 2

　　（2）图 2 砖墙的组砌方式是（　　　）。

　　A. 梅花丁　　　　B. 多顺一丁　　　　C. 全顺式　　　　D. 一顺一丁

（3）散水的构造做法，下列哪种是不正确的（　　）。

A. 在素土夯实上做 60～100mm 厚混凝土，其上再做 5％的水泥砂浆抹面

B. 散水宽度一般为 600～1000mm

C. 散水与墙体之间应整体连接，防止开裂

D. 散水宽度比采用自由落水的屋顶檐口多出 200mm 左右

（4）构造柱的截面尺寸宜为（　　）。

A. 240mm×180mm　　　　B. 240mm×120mm

C. 240mm×240mm　　　　C. 360mm×360mm

（5）墙体勒脚部位的水平防潮层一般设于（　　）。

A. 基础顶面

B. 底层地坪混凝土结构层之间的砖缝中

C. 底层地坪混凝土结构层之下 60mm 处

D. 室外地坪之上 60mm 处

5. 简答

（1）简述墙体的构造要求。

（2）墙身防潮层的作用是什么？水平防潮层的做法有哪些？什么情况设垂直防潮层？

（3）试述窗台构造设计有哪些要点？

（4）试述窗台设计有哪些要点？

（5）我国北方地区外墙保温的做法有哪些？

（6）试述圈梁和构造柱的作用、设置位置及构造要点。

（7）隔墙和隔断有什么区别？各有哪些类型？

（8）墙面装修的作用是什么？常见的装修做法有哪些？

（9）抹灰为什么要分层进行？各层的作用是什么？

（10）什么是附加圈梁？画出简图表示其构造。

（11）图示墙体变形缝的构造形式及盖缝构造。

（12）图示常见散水和明沟的构造做法。

（13）勒脚的高度一般为多少？画简图表示勒脚的各种做法。

（14）画简图表示外墙墙身水平防潮层和垂直防潮层的位置。

（15）常用的门窗过梁有哪几种？各自的适用条件是什么？画简图表示钢筋砖过梁的构造。

（16）常见玻璃幕墙有几种类型？其构造方式如何？

1. 写出下列构造图的名称并指出相应部位的名称和构造做法。

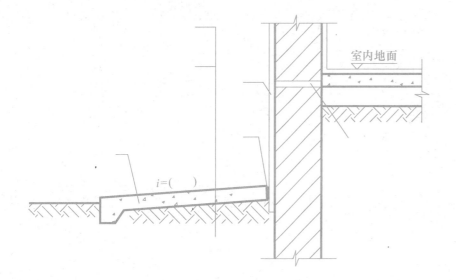

室内地面

i=(　　)

2. 根据下列给定条件，绘制外墙剖面图（比例 1∶20 或 1∶30）。

条件：已知本地区住宅，总层数为 3 层，首层层高 3.6m，二、三层层高为 2.8m。剖切处外墙为 370mm 承重墙，楼板为 100mm 钢筋混凝土现浇楼面、屋面板。室内外高差 450mm，窗洞口高 1500mm，内窗台距各层楼地面 900mm。内墙为普通抹灰 20mm 厚、外墙面贴面砖 25mm 厚。

要求：（1）表达清楚圈梁、散水或明沟、勒脚、墙身防潮、窗台、过梁、楼地面等。

（2）图中标明必要的尺寸、材料、做法等。

（3）图中线条、文字等应符合《房屋建筑制图统一标准》GB/T 50001—2017。

（4）A3 图纸，用铅笔绘制。

1. 解释术语

　（1）无梁楼板

　（2）空心板

　（3）雨篷

　（4）墙裙

　（5）整体楼地面

　（6）踢脚

2. 填空

　（1）楼板层主要由_____、_____和_____组成。当房间有特殊要求时，可加设_____。

　（2）根据施工方式的不同，钢筋混凝土楼板有_____、_____、_____和_____四种。

　（3）顶棚的构造形式主要有_____和_____两种类型。

　（4）阳台的支承方式有_____、_____和_____三种。

　（5）为保证安全，低、多层住宅阳台栏杆净高不应低于_____。

　（6）吊顶一般由_____、_____和_____三部分组成。

3. 选择题（每题至少有一个正确答案）

　（1）空心板在安装前，孔的两端常用混凝土或碎砖块堵严，其目的是（　　）。

　A. 增强保温性　　　　B. 避免板端被压坏　　　C. 避免板端滑移

　（2）预制钢筋混凝土梁搁置在墙上时，常需在梁与砌体间设置混凝土或钢筋混凝土垫块，其目的是（　　）。

　A. 扩大传力面积　　　B. 简化施工　　　　　　C. 增大室内净高

　（3）现浇水磨石地面常用铜条或玻璃条分格，其目的是（　　）。

　A. 防止面层开裂　　　B. 便于磨光

　C. 更加美观　　　　　D. 方便施工

　（4）悬挑结构挑板式阳台必须要考虑安全可靠，挑出长度常取（　　）。

　A. 1～1.2m　　　　　B. 1～1.5m

　C. 0.5～1m　　　　　D. 1.2～1.5m

　（5）楼板层的构造说法正确的是（　　）。

　A. 楼板应有足够的强度，可不考虑变形问题

　B. 槽形板上不可打洞

　C. 空心板保温隔热效果好，且可打洞，故常采用

　D. 采用花篮梁可适当提高室内净空高度

4. 简答

(1) 图示说明楼板层、地坪层的基本构造组成。

(2) 什么是单向板？什么是双向板？它们在构造上各有什么特点？

(3) 楼地面根据面层材料和施工工艺的不同具有哪些类型？

(4) 什么是现浇钢筋混凝土楼板？有哪些类型？各自有什么特点？

（5）画出简图表示水泥砂浆楼面、大理石板块楼面的构造。

（6）画出简图表示卫生间楼地面排水构造。

（7）画出简图表示板式雨篷的构造。

（8）画出简图表示地坪层的防潮做法。

某建筑开间 3600mm，进深 5100mm，外墙厚 370mm，内墙厚 240mm，采用横墙承重。试给此房间选择适宜规格的预制空心板，并绘出墙对楼板的支承节点构造图。

1. 解释术语

（1）休息平台

（2）楼梯井

（3）双分双合楼梯

（4）板式楼梯

（5）坡道

2. 填空

（1）楼梯的基本功能是解决不同楼层之间_____的交通枢纽。

（2）楼梯由_____、_____和_____三部分组成。

（3）现浇钢筋混凝土楼梯的结构形式有_____、_____和_____。

（4）楼梯段上的净高≥_____m，平台上部净高≥_____m。

（5）室外台阶由_____和_____组成，用来联系房屋室内外地坪的高低差，当台阶高差较大时还需要设置_____。

（6）坡道按所处的位置不同分为_____和_____。

（7）栏杆的构造形式有_____、_____和_____三种。

（8）小型构件装配式楼梯根据支撑结构不同，一般有_____、_____和_____三种形式。

3. 判断题

（1）螺旋楼梯可作为疏散楼梯。　　　　　　　　　　（　　）

（2）有儿童使用的楼梯，当楼梯井宽大于120mm时须设置安全措施。　（　　）

（3）医院的楼梯踏步高宜175mm左右，幼儿园的楼梯踏步高150mm左右。　　（　　）

（4）楼梯坡度范围在25°～45°之间，普通楼梯的适宜坡度为30°。　　（　　）

（5）楼梯栏杆扶手的高度一般为900mm，供儿童使用的楼梯应在500～600mm高度增设扶手。　　（　　）

（6）室外坡道的坡度应不大于1∶8。　　　　　　　（　　）

4. 简答

（1）常见楼梯有哪些类型？楼梯由哪几部分组成？各部分的作用是什么？

（2）现浇钢筋混凝土楼梯的常见结构形式有哪几种？各自的适用范围是什么？

（3）平行双跑楼梯底层中间平台下需要设置通道时，为增加净高，需要采取哪些措施？

（4）楼梯平台宽度、栏杆扶手高度和楼梯净空高度各有什么规定？

（5）画出简图表示楼梯首层第一梯段下的基础的构造做法。

（6）画出简图表示楼梯的防滑构造。

（7）电梯由哪几部分组成？什么条件下适宜采用自动扶梯？自动扶梯设计应注意哪些问题？

（8）室外台阶的构造要求是什么？通常有哪些材料做法？

（9）图示混凝土坡道的做法。

（10）观察你所在学院某一幢建筑物的楼梯，列表说明其中每一部楼梯的形式、构造类型、踏步尺寸和使用评价等。

识读楼梯剖面图，并结合给定条件绘制各层楼梯平面图。

条件：某办公楼共三层，楼梯为现浇钢筋混凝土平行双跑楼梯，楼梯间无对外出入口，开间 2.7m，进深 5.1m，楼梯间墙均为 240mm 砖墙。

要求：

（1）图中线条、文字等应符合《房屋建筑制图统一标准》GB/T 50001—2017。

（2）在 A3 图纸上用铅笔绘制。

附楼梯剖面图：

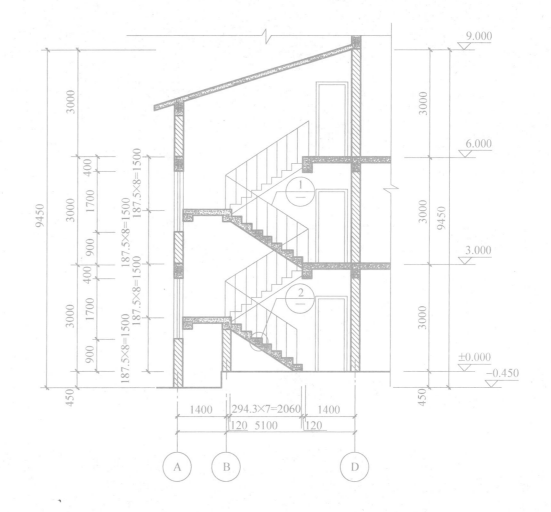

1. 解释术语

　　(1) 结构找坡

　　(2) 材料找坡

　　(3) 无组织排水

　　(4) 有组织排水

　　(5) 硬山搁檩

　　(6) 泛水

　　(7) 冷粘法

2. 填空

　　(1) 屋顶按外形可分为_____、_____和_____。

　　(2) 屋顶的作用有_____、_____和_____。

　　(3) 屋顶坡度的形成方式有_____和_____。

　　(4) 屋顶的排水方式可分为_____和_____两大类。

　　(5) 有组织排水的排水装置有_____、_____和_____。

　　(6) 平屋顶的构造层次一般由_____、_____、_____、_____、_____、_____和_____等组成。

　　(7) 防水卷材上下边的搭接长度≥_____mm；左右边的搭接长度≥_____mm。

　　(8) 天沟的排水坡度≥_____。

3. 不定项选择题（每题至少有一个正确答案）

　　(1) 平屋顶卷材防水屋面油毡铺贴正确的是（　　　）。

　　A. 卷材长边平行于屋脊时，从檐口开始朝屋脊方向铺设

　　B. 卷材长边平行于屋脊时，从屋脊开始朝檐口方向铺设

　　C. 卷材应从屋面出入口远端开始铺设

　　D. 卷材短边接头搭接应不小于 70mm

　　(2) 屋面防水中泛水高度最小值为（　　　）mm。

　　A. 150　　　　　B. 200　　　　　C. 250　　　　　D. 300

　　(3) 屋顶的坡度形成中，材料找坡是指（　　　）来形成。

　　A. 预制板的搁置　　　　　B. 选用轻质材料找坡

　　C. 利用油毡的厚度　　　　D. 利用结构层

　　(4) 屋面有组织排水方式的内排水方式主要用于（　　　）。

　　A. 高层建筑　　　　　　　B. 严寒地区的建筑

　　C. 屋面宽度过大的建筑　　D. 一般民用建筑

4. 连线题（将有关联的内容用线连起来）

平屋顶常用排水坡度　　　　　　　　　　　50～70mm

泛水附加层在屋面延伸宽度　　　　　　　　1%

檐沟的排水坡度不小于　　　　　　　　　　100mm

最常用雨水管直径　　　　　　　　　　　　500mm

平瓦屋面瓦头挑出封檐的长度　　　　　　　2%～3%

5. 简答

（1）简述形成屋顶的排水坡度的方式和各自的优缺点。

（2）有组织排水有哪几种方案？有组织排水装置有哪些？各有哪些具体要求？

（3）卷材防水平屋顶的构造层次有哪些？各层次的作用是什么？

（4）屋面防水的方式有哪些？其中防水卷材的铺贴方法有几种？

（5）坡屋顶中常用的承重结构类型有哪几类？各自的适用范围是什么？

（6）坡屋顶平瓦屋面的檐口构造的要点是什么？

1. 根据下图及给定条件，绘制屋顶平面图和屋顶节点详图。

条件：某中学教学楼平面为一字形，宽为 24m，长为 64m。沿长度方向在 32m 处留伸缩缝一道，缝宽 30mm。已知屋顶形式为平屋顶，选用卷材防水，雨水管的汇水面积为 $16 \times 12 = 192m^2$，雨水管间距不超过 20m。

要求：

（1）绘制屋顶平面图（比例 1：200），表达出各坡面交线、檐沟（或女儿墙及天沟）、雨水口等；并标注檐沟（或女儿墙、天沟）的排水方向和坡度值；屋面上人口位置以及保温做法由教师指定。

（2）绘制屋顶节点详图（比例 1：10），包括檐沟（或女儿墙、挑檐）、雨水口、变形缝的构造图。

（3）图中标明必要的尺寸、材料、做法等。

（4）图中线条、文字等应符合《房屋建筑制图统一标准》GB/T 50001—2017。

（5）在 A3 图纸上用铅笔绘制。

附图：

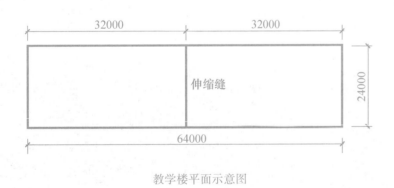

教学楼平面示意图

2. 读图回答问题

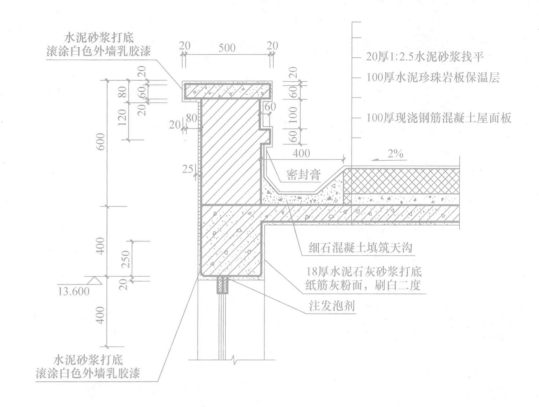

（1）将屋顶做法在图上补充完整（不上人屋面）。

（2）该建筑的排水方式属于＿＿＿＿＿＿＿＿＿＿＿＿＿＿＿＿＿。

（3）该建筑的檐口构造属于＿＿＿＿＿＿＿＿＿＿＿＿＿＿＿＿。

（4）该建筑的墙体材料为＿＿＿＿＿＿＿＿＿＿＿，屋面板的类型为＿＿＿＿＿＿＿＿＿＿。

1. 解释术语

（1）立口

（2）塞口

2. 填空

（1）门按开启方式分有_____、_____、_____、_____、_____等类型。

（2）窗按开启方式分有_____、_____、_____、_____、_____等类型。

（3）门的高度一般不小于_____mm，窗的高度尺寸应以_____作为模数。

（4）门一般由_____、_____、_____等部分组成。

（5）门窗框在墙中的位置有_____、_____、_____三种。

（6）遮阳的构造形式有_____、_____、_____、_____四种。

（7）PC1-1518 表示窗洞口宽_____mm，洞口高_____mm。

（8）平开窗代号是_____；推拉门代号是_____。

（9）门窗框的实际尺寸_____门窗洞口尺寸。

（10）金属门窗主要有_____、_____和_____三大类。

3. 简答

（1）窗按用途分，有哪些类型？

（2）门的开启方式有哪些？建筑图例中如何表示？

（3）什么是门窗的尺度？门窗的尺度和门窗框的尺寸相同吗？哪个应符合现行国家标准《建筑模数协调标准》GB/T 50002—2013 和《建筑门窗洞口尺寸系列》GB/T 5824—2021 的有关规定？

4. 实践技能训练

（1）参观学校的教学楼、办公楼、公寓等门窗，说明其种类、材质及安装方式。

（4）构造遮阳的形式有哪些？专门遮阳又有哪些类型？

（2）简述金属门窗的安装要点。画简图表示铝合金门窗的安装节点。

1. 解释术语

　　(1) 装配式建筑

　　(2) 装配整体式混凝土结构建筑

　　(3) 排架结构

　　(4) 刚架结构

　　(5) 柱网

　　(6) 跨度

　　(7) 非封闭结合

　　(8) 抗风柱

　　(9) 托架

　　(10) 矩形天窗

2. 填空

　　(1) 装配式建筑主要包括_____系统、_____系统、_____系统和_____系统，共四大系统。

　　(2) 装配式建筑的主要特征有_____、_____、_____、_____和_____。

　　(3) 装配式建筑的主要优势有_____、_____、_____、_____和_____。

　　(4) 钢结构建筑的结构体系主要由_____体系、_____体系和_____体系组成。

　　(5) 排架结构根据材料的不同有_____、_____、_____三种类型。

　　(6) 确定厂房的柱网尺寸是指确定_____和_____。

　　(7) 厂房的纵向联系构件有_____、_____、_____和_____等几种。

　　(8) 厂房屋盖结构分为_____和_____两种形式。

　　(9) 钢筋混凝土构件自防水屋面，板缝的构造分_____、_____、_____等基本类型。

　　(10) 矩形天窗由_____、_____、_____、_____、_____组成。

　　(11) 厂房的支撑系统有_____和_____。

　　(12) 基础梁的上表面应低于室内地坪_____，高于室外地坪_____。

　　(13) 厂房的基础一般选用_____基础，构造形式有_____、_____、_____等几种。

3. 简答
　（1）简述装配式建筑内装修系统的八个子系统组成部分。

　（2）简述装配式建筑与传统建筑生产方式的区别。

　（3）简述干连接的概念。

（4）装配式混凝土建筑的构件有哪些？

（5）钢结构的优点有哪些？

（6）钢结构主要形式有哪些？

（7）单层工业厂房的结构类型有哪些？各自有什么特点？

（9）简述排架结构单层工业厂房的结构组成。各组成部分又有哪些构件？其作用是什么？

（8）什么是定位轴线？它和构件尺寸有何关系？

（10）厂房内部的起重吊车有哪几种？

（11）简述屋盖结构采用无檩体系和有檩体系的特点？

（12）基础梁、连系梁、外墙、屋架与柱如何连接？

（13）抗风柱与屋架连接的构造要求和构造方法是什么？

（14）厂房的支撑系统有哪些？

1. 画出简图表示各种情况的柱与纵、横向定位轴线的关系。

2. 画出简图表示基础梁的防冻措施。

3. 画出简图表示钢筋混凝土屋面构件自防水时，板缝的处理方式。

4. 画出简图表示钢结构门式刚架柱脚的节点构造。

1. 解释术语

(1) 建筑红线

(2) 风向频率玫瑰图

(3) 绝对标高

2. 选择题（至少有一个正确答案）

(1) 房屋建筑工程，根据其内容和作用不同，可分为（　　）。

A. 总平面图　　　　　　B. 建筑施工图

C. 施工首页图　　　　　D. 设备施工图

E. 结构施工图

(2) 建筑施工图表达的内容包括（　　）。

A. 承重构件的布置　　　B. 外部造型

C. 内部布置　　　　　　D. 细部构造及装修

E. 构件安装

(3) 首页图在中小工程中通常由（　　）组成。

A. 图纸目录　　　　　　B. 设计和施工说明

C. 门窗表　　　　　　　D. 总平面图

(4) 平面图是全套施工图中最主要的图纸，在施工过程中放线、砌墙、安装门窗、室内装修和编制工程预算、备料等都以平面图为主要依据。平面图常分为（　　）。

A. 首层平面图　　　　　B. 标准层平面图

C. 顶层平面图　　　　　D. 屋顶平面图

(5) 总平面图常用比例是（　　），一般标在图纸下方。

A. 1：500　　　　　　　B. 1：200

C. 1：2000　　　　　　 D. 1：1000

(6) 从建筑物平面图中可以读到建筑物的（　　）。

A. 开间　　　　　　　　B. 进深

C. 墙的厚度大小　　　　D. 占地面积指标

(7) 建筑总平面图的内容可以有（　　）。

A. 图名、比例　　　　　B. 表明新建区的总体布局

C. 拟建建筑的具体位置　D. 拟建房屋的地面绝对标高和层数

3. 填空

(1) 总平面图中用粗实线绘制的表示＿＿＿＿＿；用细实线绘制的表示＿＿＿＿＿；用虚线绘制的表示＿＿＿＿＿。

(2) 建筑总平面图主要表示＿＿＿＿＿＿＿＿＿＿＿＿＿＿＿＿＿＿等内容，是＿＿＿＿＿＿＿＿＿＿＿＿＿＿的依据。

(3) 建筑物层数在总平面图中，一般标注在建筑物的＿＿＿＿＿位置；带"✕"细线框表示＿＿＿＿＿，建筑围墙及大门用＿＿＿＿＿表示；盲道用＿＿＿＿＿表示。

(4) 门窗表是＿＿＿＿＿＿＿＿＿＿＿＿＿＿＿＿＿＿＿＿＿＿，作为＿＿＿＿＿＿＿＿＿的依据。

(5) 工程做法表，如采用标准图集的做法时，应＿＿＿＿＿＿。

(6) 下图中显示当地全年的主导风向为＿＿＿＿＿＿。

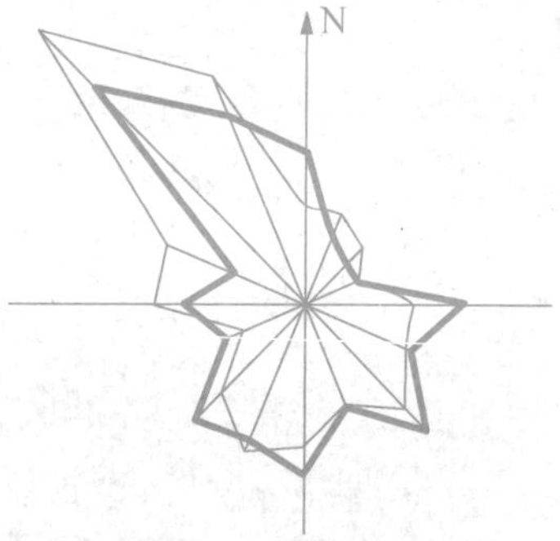

4. 简答

(1) 建筑工程施工图和建筑施工图有什么不同?

(2) 图纸目录的作用是什么?

(3) 建筑设计说明一般包括哪些内容?

(4) 什么是建筑总平面图? 它的作用是什么?

1. 填空

（1）建筑平面图是用_____剖切平面，沿建筑物的_____位置剖切开，向下所作的_____，是_____的依据，是_____投影图。

（2）屋顶平面图是_____的水平投影图。

（3）外墙线用_____绘制，当外墙有细线时，表示_____。

（4）识读《房屋建筑构造与识图（第二版）》教材后建筑附图中的建筑平面图，可知该教学楼为_____结构，共_____层。总长为_____，总宽为_____，共有_____条横向定位轴线、_____条纵向定位轴线。

（5）该教学楼的主入口朝向_____，室内外高差为_____，设_____级台阶通向室外，散水宽度为_____，楼梯间的开间为_____、进深为_____。

（6）该教学楼的层高为_____，共_____层。卫生间地面比同层楼地面降低_____mm，二层楼面标高为_____，C1窗洞口宽为_____。

（7）从屋顶平面图看出，该建筑屋顶的排水方式为_____，排水坡度为_____，共设置了_____雨水管。

2. 选择题

（1）建筑平面图上可以识读到建筑物的（　　）。

A. 地面标高　　　B. 楼梯的踏步数　　　C. 踏步的高　　　D. 踏步的宽

（2）建筑平面图上表明室内外联系的过渡部分是（　　）。

A. 坡道　　　B. 门窗　　　C. 台阶　　　D. 雨篷

（3）用（　　）可以表示出建筑的总高度、层高、窗台高等尺寸。

A. 开间　　　B. 尺寸线　　　C. 标高　　　D. 进深

（4）建筑平面图上可表明建筑物朝向的是（　　）。

A. 图名　　　B. 定位轴线　　　C. 门的开户方向　　D. 风玫瑰

3. 简答

（1）简述一层平面图、标准层平面图和顶层平面图的区别。

（2）建筑平面图中，三道外部尺寸分别表示什么？

（3）解释下图所示符号的含义。

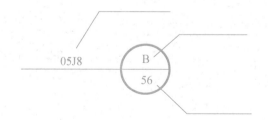

1. 识图题

　　识读下图所示值班室建筑平面图，并按要求完成如下题型。

　　（1）已知图中台阶踏步高150mm，请根据图示内容，在图中按要求标出轴线编号、室外地坪标高及所缺的尺寸。

　　（2）这是_____层平面图，由图可知值班室的开间_____，进深_____。

　　（3）由图可知，该建筑外墙厚度为_____，内墙厚度为_____，C-1总数为_____个，建筑物总长为_____，总宽为_____。

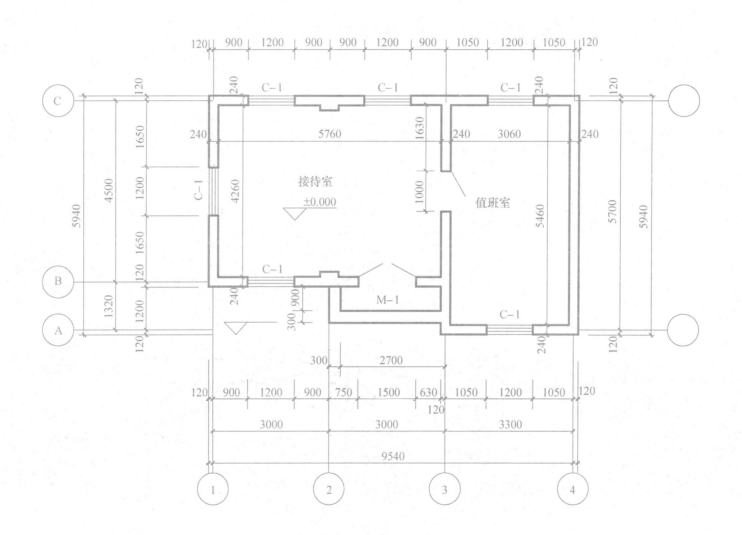

2. 抄绘建筑平面图

目的：

（1）掌握建筑平面图的图示内容和图示方法，能够熟练识读一般建筑平面图。

（2）熟悉建筑平面图的形成方法及绘图方法和步骤。

内容：

（1）抄绘建筑平面图（见《房屋建筑构造与识图（第二版）》教材后建筑附图中的一层、标准层平面图）。

（2）进行描图练习。

要求：

（1）认真阅读《房屋建筑构造与识图（第二版）》教材后附图中的教学楼平面图，读懂图样后方可开始绘图。

（2）按照教材中所讲的绘图步骤进行绘制。

（3）绘图时严格遵守《房屋建筑制图统一标准》GB/T 50001—2017 和《建筑制图标准》GB/T 50104—2010 的要求。

（4）注意布图均衡匀称，图形准确，线型清晰，粗细分明，文字注写工整，图面整洁。

（5）图幅和比例：A2 绘图纸，铅笔绘制，比例 1：100。

说明：

（1）标题栏可选择下图所示的"学生作业标题栏"。

（2）建议图样的粗线选用 0.7mm，其余线型按线宽组确定。

（3）汉字应写长仿宋字，字母、数字用标准体书写。图中说明文字用 5 号字，尺寸数字用 3.5 号字；图名文字用 10 号字，比例数字用 7 号字；标题栏内校名、图名用 7 号字，其余用 5 号字。

（4）描图练习应用描图笔和描图纸，由教师现场演示描图方法和步骤。

（5）本作业建议占用课堂时间 2 学时，其余的课后完成。

附图：

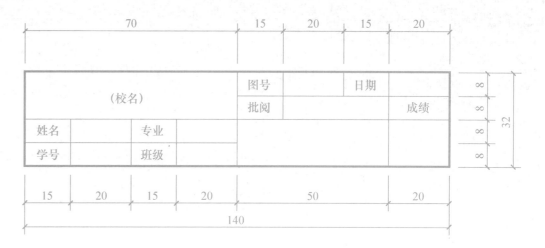

学生作业标题栏

1. 填空

（1）与建筑立面平行的投影面上所作的正投影图称为＿＿＿＿＿＿＿＿＿，是＿＿＿＿＿＿＿

＿＿＿＿＿＿＿＿＿＿＿＿＿＿的依据。

（2）"正立面图"的图名是根据＿＿＿＿＿＿＿＿＿＿＿命名的。此外，立面图还有＿＿＿＿

＿＿＿种命名方式。

（3）绘制建筑立面图时，室外地坪用＿＿＿＿＿＿＿＿线，建筑外轮廓和较大转折处用

＿＿＿＿＿＿＿＿＿＿线，墙面突出物如阳台、壁柱、雨篷、挑檐、遮阳板和门窗洞口

等用＿＿＿＿＿＿＿＿线，立面细部分格如门窗分格、雨水管、和其他装饰线条用＿＿＿

＿＿＿＿＿线。

（4）识读《房屋建筑识图与构造（第二版）》教材后建筑附图中的建筑立面图，

可知该教学楼总高＿＿＿＿＿＿＿＿，局部高＿＿＿＿＿＿＿＿，室内外高差＿＿＿＿＿＿＿

＿，地面以上部分共＿＿＿＿＿＿＿＿层。

（5）从该教学楼正立面图中看出，大门的位置＿＿＿＿＿＿＿＿，上部装饰装修做法

为＿＿＿＿＿＿＿＿，一层墙面装饰装修做法为＿＿＿＿＿＿＿＿，勒脚做法为＿＿＿＿＿＿

＿＿＿。

（6）对照平面图，正立面图中的窗有＿＿＿＿＿＿＿＿种，其编号分别为＿＿＿＿＿＿＿

＿＿＿＿＿。

2. 选择题（每题至少有一个正确答案）

（1）立面图主要表明的内容有（　　）。

A. 建筑物外部形状　　　　　　　B. 房屋的长、宽、高尺寸

C. 屋顶的坡度　　　　　　　　　D. 外墙饰面、材料及做法等

（2）从（　　）可知是建筑物哪一方向的立面图。

A. 轴线　　　　　　　　　　　　B. 指北针

C. 图名　　　　　　　　　　　　D. 窗户的开户方向

（3）能够识读出上下窗之间间距的是（　　）。

A. 平面图　　　　　　　　　　　B. 立面图

C. 剖面图　　　　　　　　　　　D. 墙身剖面详图

3. 简答

（1）简述建筑立面图的绘图步骤。

（2）建筑立面图一般应表达哪些内容？

4. 抄绘建筑立面图

目的：

（1）掌握建筑立面图的图示内容和图示方法，熟悉建筑立面图的绘图方法和步骤。

（2）提高绘制和识读一般建筑施工图的能力。

内容：

抄绘建筑立面图（见教材后建筑附图中的正立面图）。

要求：

（1）认真阅读《房屋建筑构造与识图（第二版）》教材后附图中的教学楼正立面图，对照平面图读懂后方可开始绘图。

（2）按照教材中所讲的绘图步骤进行绘制。

（3）绘图时严格遵守《房屋建筑制图统一标准》GB/T 50001—2017 和《建筑制图标准》GB/T 50104—2010 的要求。

（4）注意布图均衡匀称，图形准确，线型清晰，粗细分明，文字注写工整，图面整洁。

（5）图幅和比例：A2 绘图纸，铅笔绘制，比例 1：100。

说明：

（1）标题栏可选择上页所示的"学生作业标题栏"。

（2）室外地坪用加粗实线（1.4b），其余线宽按线宽组确定。

（3）注意标高符号为高度 3mm 的等腰直角三角形，应使标高符号位于一条垂线上。

（4）本作业建议占用课堂时间 1 学时，其余的课后完成。

1. 填空

(1) 建筑剖面图是用剖切平面剖切建筑物，移去_____，作出剩余部分的_____得到的图样。

(2) 剖面图的剖切位置应选择在能反映_____，或构造_____，如_____，并应尽量剖切到_____的位置。

(3) 建筑剖面图中被剖切到的结构轮廓用_____线，未被剖切到的剩余部分投影轮廓用_____线。

(4) 识读《房屋建筑构造与识图（第二版）》教材后建筑附图中的1—1剖面图，在一层平面图中找对应剖切位置，可知剖切到了建筑_____轴线处的墙，通过的门窗有_____。

(5) 在1—1剖面图中看出该教学楼共_____层，室内门高度为_____mm。楼梯的平面形式为_____，结构类型为_____，踏步尺寸为_____。为解决一层中间平台下通行人的问题，大门处地面降低了_____mm。

(6) 该建筑雨水管采用_____雨水管，采用_____雨篷。

2. 简答

(1) 建筑剖面图的剖切位置如何确定？

(2) 建筑剖面图的命名方式有哪些？

(3) 建筑剖面图外部尺寸和内部尺寸分别表示什么？

3. 抄绘建筑剖面图

目的：

（1）掌握建筑剖面图的图示内容和图示方法，熟悉建筑剖面图的绘图方法和步骤。

（2）提高绘制和识读一般建筑施工图的能力。

内容：

抄绘建筑剖面图（见《房屋建筑构造与识图（第二版）》教材后建筑附图中的1—1剖面图）。

要求：

（1）认真阅读《房屋建筑构造与识图（第二版）》教材后建筑附图中的1—1剖面图，读懂后方可开始绘图。

（2）按照教材中所讲的绘图步骤进行绘制。

（3）绘图时严格遵守《房屋建筑制图统一标准》GB/T 50001—2017 和《建筑制图标准》GB/T 50104—2010 的要求。

（4）注意布图均衡匀称，图形准确，线型清晰，粗细分明，文字注写工整，图面整洁。

（5）图幅和比例：A3 绘图纸，铅笔绘制，比例 1∶100。

说明：

（1）标题栏可选择"学生作业标题栏"。

（2）建议图样的粗线选用 0.7mm，其余线型按线宽组确定。

（3）本作业建议占用课堂时间 1 学时，其余的课后完成。

1. 填空

（1）楼梯详图一般包括_____、_____和_____。

（2）楼梯平面图一般用_____的比例绘制，楼梯段上的箭头和"上""下"字样是根据_____来确定的。

（3）外墙详图主要表达_____、_____和_____三个节点。

2. 选择题（每题至少有一个正确答案）

（1）图样中的某一局部或构件，如需另见详图，应以索引符号索引。索引符号是由直径为（　　）的圆和水平直径组成。

A. 8mm　　　　　B. 10mm　　　　　C. 12mm　　　　　D. 14mm

（2）详图索引符号 $\frac{2}{}$ 表示详图在（　　）。

A. 首页图纸上　　B. 二号图纸上　　C. 第二张图纸上　　D. 本张图纸内

（3）详图符号的圆应以直径为（　　）的粗实线绘制。

A. 14mm　　　　　B. 8～10mm　　　　C. 8mm　　　　　D. 10mm

3. 简答

（1）什么是建筑详图？其绘图比例一般为多少？

（2）底层、标准层和顶层楼梯平面图的主要区别是什么？

（3）墙身详图主要表达哪些构造做法？

1. 填空

(1) 结构施工图包括_____、_____和_____三部分。

(2) 结构施工图中，基础梁的代号为_____，框架梁代号为_____，QL 表示_____，KZ 表示_____。RRB400 表示钢筋为_____。

(3) 当梁腹板高度满足_____时，梁中需配置侧向构造钢筋。

(4) 根据柱偏心受压的受力特点与破坏特征，柱可以分为_____和____。

(5) 单向板的配筋方式有_____和_____两种。

(6) 柱中钢筋包括_____和_____两种。

2. 选择题（每题至少有一个正确答案）

(1) 下列四种钢筋中有三种钢筋的外形类似，除了（　　）。

A. HPB300　　　B. HRB335　　　C. HRB400　　　D. RRB400

(2) 梁的混凝土保护层是指（　　）。

A. 纵筋中心至截面边缘的距离

B. 纵筋外缘至截面边缘的距离

C. 箍筋中心至截面边缘的距离

D. 箍筋外缘至截面边缘的距离

(3) 梁的箍筋主要用来（　　）。

A. 抗弯　　　　B. 抗拉　　　　C. 抗剪　　　　D. 抗拔

(4) 梁的下部纵向受力钢筋的净距 S 应为（　　）。

A. $S \geqslant 30mm$ 及 $S \geqslant 1.5d$

B. $S \geqslant 50mm$ 及 $S \geqslant d$

C. $S \geqslant 25mm$ 及 $S \geqslant d$

D. $S \geqslant 25mm$ 及 $S \geqslant 1.5d$

3. 简答

(1) 钢筋混凝土梁中，有哪些钢筋？每种钢筋的作用是什么？有何构造要求？

(2) 何为单向板？何为双向板？

（3）基础平面图、基础详图反映哪些内容？

（4）建筑结构施工图由哪些部分组成？

（5）平法图集 G101 系列包括哪些？

（6）梁的平面注写方式包括哪些内容？

1. 抄绘基础平面图及基础详图

目的:

(1) 掌握基础平面图及基础详图的图示内容和图示方法,熟悉基础图的绘图方法和步骤。

(2) 提高绘制和识读基础施工图的能力。

内容:

抄绘基础平面图及基础详图(教师可自行指定基础的类型)。

要求:

(1) 认真阅读图纸,读懂后方可开始绘图。

(2) 绘图时严格遵守《房屋建筑制图统一标准》GB/T 50001—2017 和《建筑结构制图标准》GB/T 50105—2010 的要求。

(3) 注意布图均衡匀称,图形准确,线型清晰,粗细分明,文字注写工整,图面整洁。

(4) 图幅和比例:A2 绘图纸,铅笔绘制,比例 1∶100。

说明:

(1) 标题栏可选择"学生作业标题栏"。

(2) 本作业建议占用课堂时间 1 学时,其余的课后完成。

2. 抄绘某现浇钢筋混凝土梁构件详图

目的：

（1）掌握梁构件详图的图示内容和图示方法。

（2）提高绘制和识读构件施工图的能力。

内容：

抄绘梁构件详图（教师可自行指定）。

要求：

（1）认真阅读图纸，读懂后方可开始绘图。

（2）绘图时严格遵守《房屋建筑制图统一标准》GB/T 50001—2017 和《建筑结构制图标准》GB/T 50105—2010 的要求。

（3）注意布图均衡匀称，图形准确，线型清晰，粗细分明，文字注写工整，图面整洁。

（4）图幅和比例：A3 绘图纸，铅笔绘制，比例 1∶100。

说明：

（1）标题栏可选择"学生作业标题栏"。

（2）本作业建议占用课堂时间 1 学时，其余的课后完成。

1. 解释下面导线标注的含义

　　(1) WL1-BV 3×2.5PC16WCCC

　　(2) WLM4：YJV-0.6/1kV-4X95CT

2. 填空

　　(1) 建筑电气施工图一般绘制在用_____线绘制的建筑平面图上。建筑电气施工图用_____线表示电气管线，并在电气管线标注必要的文字说明。

　　(2) 常用线路按所接负荷性质的不同，一般分为_____与_____。

　　(3) 根据线缆敷设位置分为_____和_____。为了不影响室内装饰装修，_____采用得较多，多敷设在墙内、顶板内和地板下等。

　　(4) 一般建筑防雷工程首先应考虑直击雷的防护，直击雷的防护装置由_____、_____和_____三部分组成。

3. 简答

　　(1) 建筑电气工程按功能分为哪些工程内容？

　　(2) 5盏3×18W三管荧光灯嵌入式安装，应如何进行文字标注？

　　(3) 简述建筑防雷接地装置的做法。

1. 填空

(1) 建筑给水排水系统进出口编号一般如 $\frac{J}{1}$：其中 J 表示＿＿＿＿＿，1 表示

＿＿＿＿＿。

(2) 绘制建筑给水排水施工图时，卫生器具用＿＿＿＿＿线，给水排水管道用

＿＿＿＿＿线表示。

(3) 详图包括节点详图、＿＿＿＿＿、＿＿＿＿＿。

2. 简答

(1) 建筑给水排水系统图中管道标高如何标注？画图说明。

(2) 建筑给水排水施工图中管径如何表示？如何标注？画图说明。

(3) 标准层给水排水平面图识读的主要内容是什么？

1. 填空

　　（1）在管道的轴测图中，可以从 *OX* 轴轴向观察管道_____走向，从 *OY* 轴轴向观察管道_____走向，从 *OZ* 轴轴向观察管道_____走向。

　　（2）在管道施工图中，俯视图称为_____。

　　（3）按照国家《暖通空调制图标准》GB/T 50114—2010 的规定，供暖系统的代号为_____，RG 表示_____管，RH 表示_____管。

2. 简答

　　（1）管道坡度在施工图中如何表示？画图说明。

　　（2）以单管垂直式系统为例，画图说明室内采暖管道与散热器的连接在平面图和系统图中如何表示？